## ●テスト〈→P.68〜P.207〉　普通免許　本試験模擬テスト

本試験模擬テストを7回分収録。合格点が取れるまで繰り返しチャレンジ

間違えたら関連する「暗記項目」をチェック！

掲載ページを示す
P.29
暗記項目24
暗記項目の番号を示す

制限時間の50分を守って解いていこう

左ページの問題の解答・解説が右ページにあるので、ページをめくらずに答え合わせできる！

間違えた問題は□に✔マークを入れておこう。2回目に解くときは✔マークの入った問題だけ解くと効率アップ！

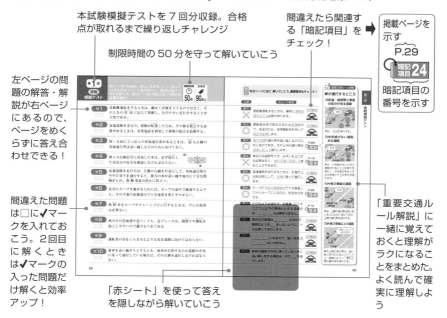

「赤シート」を使って答えを隠しながら解いていこう

「重要交通ルール解説」に一緒に覚えておくと理解がラクになることをまとめた。よく読んで確実に理解しよう

## ●巻頭折り込み（カラー表・裏）

直前暗記チェックシート
試験に出る！　重要標識・標示

試験によく出る標識・標示を紹介。しっかり覚えるようにしておこう

形の似ているものは、違いをきちんと理解しておくこと

直前暗記チェックシート
試験に出る！　暗記項目

試験によく出る暗記項目を確認。数字は正しく覚えておこう

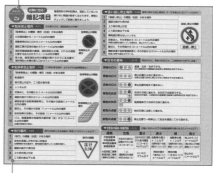

番号がついている場所は、その数だけしっかりと暗記しておくこと

# CONTENTS

**PART 1**　**出題パターンで本試験徹底攻略**　出題方法に合わせて効果的に対策！

※本書の情報は、原則として 2022 年5月13日現在の法令等に基づいて編集しています。

# 受験ガイド

## 受験できない人

※受験の詳細は、事前に各都道府県の試験場の<br>ホームページなどで確認してください。

| | |
|---|---|
| 1 | 年齢が 18 歳に達していない人 |
| 2 | 免許を拒否された日から起算して、指定期間を経過していない人 |
| 3 | 免許を保留されている人 |
| 4 | 免許を取り消された日から起算して、指定期間を経過していない人 |
| 5 | 免許の効力が停止、または仮停止されている人 |

＊一定の病気（てんかんなど）に該当するかどうかを調べるため、症状に関する質問票（試験場にある）を提出してもらいます。

## 受験に必要なもの

| | |
|---|---|
| 1 | 住民票の写し（本籍記載のもの）、または運転免許証（原付免許などを取得している人） |
| 2 | 運転免許申請書（用紙は試験場にある） |
| 3 | 証明写真（縦 30 ミリメートル×横 24 ミリメートル、6 か月以内に撮影したもの） |
| 4 | 受験手数料、免許証交付料（金額は事前に確認のこと） |

＊はじめて免許証を取る人は、健康保険証やパスポートなどの身分を証明するものの提示が必要です。

## 適性試験の内容

| | | |
|---|---|---|
| 1 | 視力検査 | 両眼が 0.7 以上、かつ片方の目がそれぞれ 0.3 以上で合格。片方の目が 0.3 未満または見えない場合でも、見えるほうの視力が 0.7 以上で、視野が 150 度以上あれば合格。メガネ、コンタクトレンズの使用も可。 |
| 2 | 色彩識別能力検査 | 信号機の色である「赤・黄・青」を見分けることができれば合格。 |
| 3 | 聴力検査 | 10 メートル離れた距離から警音器の音（90 デシベル）が聞こえれば合格。補聴器の使用も可。 |
| 4 | 運動能力検査 | 手足、腰、指などの簡単な屈伸運動をして、車の運転に支障がなければ合格。義手や義足の使用も可。 |

＊身体や聴覚に障害がある人は、あらかじめ運転適性相談を受けてください。

## 学科試験の内容と合格基準

＊「準中型免許」の学科試験も普通免許と同じです。

| | | |
|---|---|---|
| 1 | 仮免許 | 問題を読んで別紙のマークシートの「正誤」欄に記入する形式。文章問題が 50 問（1 問 1 点）出題され、50 点満点中 45 点以上で合格。制限時間は 30 分。 |
| 2 | 本免許 | 問題を読んで別紙のマークシートの「正誤」欄に記入する形式。文章問題が 90 問（1 問 1 点）、イラスト問題が 5 問（1 問 2 点。ただし、3 つの設問すべてに正解した場合に得点）出題され、100 点満点中 90 点以上で合格。制限時間は 50 分。 |

# PART 1

## 出題パターンで
# 本試験
# 徹底攻略

### 出題方法に合わせて効果的に対策！

**STEP 1** ここを押さえる！ **出題パターン攻略**
まずは試験で出題されるパターンを知ろう！

**STEP 2** これだけ覚える！ **交通ルール 暗記項目**
各出題パターンに対する対策がまとめてあるので、
赤シートでどんどん暗記していこう！

**STEP 3** これで万全！ **出題ジャンル別・練習問題**
各出題ジャンルごとに練習問題を用意したので、
苦手ジャンルの問題を集中的に解いていこう！

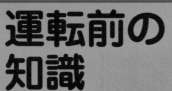

# 運転前の知識

重要度　★☆☆

 ポイント＆対策

このジャンルは、常識で解ける問題が多く出されます。1回読んで理解してしまいましょう。数字関連は確実に覚えます。

## STEP1　ここを押さえる！　出題パターン攻略

### 出題パターン 1　常識的な内容をきく問題

**問** 普通自動車を運転しようとしたが、直前に少量の酒を飲んだので、運転を中止した。

**ここを見る！** ➡ "安全第一"で考えればOK！

**正解 ○**
たとえ少量でも酒を飲んだら、絶対に車を運転してはいけません。また、これから運転する人に酒を勧める行為も禁止されています。

**対策はこれだ！**

### 出題パターン 2　数字が合っているかをきく問題

**問** 普通自動二輪車に荷物を積むときは、荷台から左右にそれぞれ 0.3 メートルまではみ出すことができる。

**ここを見る！** ➡ 項目ごとに暗記した数字をチェック！

**正解 ✕**
荷物は、荷台から左右にそれぞれ 0.15 メートルまでしかはみ出して積むことができません。後方には、0.3 メートルまではみ出すことができます。

**対策はこれだ！**

### 出題パターン 3　正しい内容と逆のことをきく問題

**問** 四輪車を運転するときのシートの前後の位置は、クラッチペダルを踏み込んだとき、ひざがまっすぐ伸びる状態に合わせるのがよい。

**ここを見る！** ➡ 何回も問題を読んで判断する

**正解 ✕**
シートの前後の位置は、クラッチペダルを踏み込んだとき、ひざがわずかに曲がる状態に合わせます。

**対策はこれだ！**

## STEP2　これだけ覚える！　交通ルール 暗記項目

### 暗記項目1　運転前の確認事項

| | |
|---|---|
| 1 | 運転免許証を携帯し、記載された条件を守る。 |
| 2 | 強制保険（自賠責保険または責任共済）の証明書、自動車検査証を備えつける。 |
| 3 | 長時間運転するときは、2時間に1回は休憩をとる。 |
| 4 | 酒を飲んだときは運転してはいけない。 |
| 5 | 疲れているとき、眠気を催す薬を飲んだときは運転を控える。 |

### 暗記項目2　車の区分と自動車などの種類

車など（車両等）
- 車（車両）
  - 自動車　　大型・中型・準中型・普通・大型特殊・小型特殊自動車、大型・普通自動二輪車
  - 原動機付自転車　　スクーター、オートバイ、スリータータイプなど
- 路面電車
- 軽車両（けいしゃりょう）　　自転車、リヤカー、荷車、牛馬など

| | |
|---|---|
| 大型自動車 | 大型特殊・小型特殊自動車、大型・普通自動二輪車以外の、車両総重量11,000キログラム以上、最大積載量6,500キログラム以上、乗車定員30人以上の、いずれかの自動車 |
| 中型自動車 | 大型・大型特殊・小型特殊自動車、大型・普通自動二輪車以外の、車両総重量7,500キログラム以上11,000キログラム未満、最大積載量4,500キログラム以上6,500キログラム未満、乗車定員11人以上29人以下の、いずれかの自動車 |
| 準中型自動車 | 大型・中型・大型特殊・小型特殊自動車、大型・普通自動二輪車以外の、車両総重量3,500キログラム以上7,500キログラム未満、最大積載量2,000キログラム以上4,500キログラム未満、乗車定員10人以下の、いずれかの自動車 |
| 普通自動車 | 大型・中型・準中型・大型特殊・小型特殊自動車、大型・普通自動二輪車以外の、車両総重量3,500キログラム未満、最大積載量2,000キログラム未満、乗車定員10人以下の、すべてに該当する自動車（ミニカーは普通自動車になる） |
| 大型特殊自動車 | カタピラ式や装輪式など特殊な構造をもち、特殊な作業に使用する自動車で、最高速度や車体の大きさが小型特殊自動車に当てはまらない自動車 |
| 大型自動二輪車 | エンジンの総排気量が400ccを超え、または定格出力が20.0キロワットを超える二輪の自動車（側車付きを含む） |
| 普通自動二輪車 | エンジンの総排気量が50ccを超え400cc以下、または定格出力が0.6キロワットを超え20.0キロワット以下の二輪の自動車（側車付きを含む） |
| 小型特殊自動車 | 最高速度が時速15キロメートル以下で、長さ4.7メートル以下、幅1.7メートル以下、高さ2.0メートル以下（ヘッドガードなどがある場合は2.8メートル以下）の特殊な構造をもつ自動車 |
| 原動機付自転車 | エンジンの総排気量が50cc以下、または定格出力が0.6キロワット以下の二輪のもの（スリーターを含む） |

| 第一種免許 | 自動車や原動機付自転車を運転するときに必要。 |
|---|---|
| 第二種免許 | バスやタクシーの営業運転、代行運転のときに必要。 |
| 仮免許 | 第一種免許を受けるための練習などのときに必要。 |

| 免許の種類＼運転できる車 | 大型自動車 | 中型自動車 | 準中型自動車 | 普通自動車 | 大型特殊自動車 | 大型自動二輪車 | 普通自動二輪車 | 小型特殊自動車 | 原動機付自転車 |
|---|---|---|---|---|---|---|---|---|---|
| 大型免許 | ● | ● | ● | ● | | | | ● | ● |
| 中型免許 | | ● | ● | ● | | | | ● | ● |
| 準中型免許 | | | ● | ● | | | | ● | ● |
| 普通免許 | | | | ● | | | | ● | ● |
| 大型特殊免許 | | | | | ● | | | ● | ● |
| 大型二輪免許 | | | | | | ● | ● | ● | ● |
| 普通二輪免許 | | | | | | | ● | ● | ● |
| 小型特殊免許 | | | | | | | | ● | |
| 原付免許 | | | | | | | | | ● |

| けん引免許 | 大型・中型・準中型・普通・大型特殊自動車で他の車をけん引するときに必要（総重量750キログラム以下の車をけん引するときや、故障車をロープなどでけん引するときを除く） |
|---|---|

| 車の種類 | 乗車定員 | 重量制限 | 大きさの制限 | |
|---|---|---|---|---|
| 大型自動車 中型自動車 準中型自動車 普通自動車 | 自動車検査証に記載されている乗車定員（ミニカーは1人）＊運転者も乗車定員に含まれる | 自動車検査証に記載されている最大積載量（ミニカーは90キログラム） | 自動車の長さ×1.2以下（自動車の長さ＋前後に各長さの10分の1以下） 三輪と総排気量660cc以下の普通自動車は地上から2.5メートル以下 | 自動車の幅×1.2以下（自動車の幅＋左右に各幅の10分の1以下）3.8メートル以下 |
| 大型自動二輪車 普通自動二輪車（側車付きを除く） | 1人（運転者用以外の座席があるものは2人） | 60キログラム | 積載装置の長さ＋0.3メートル以下 | 積載装置の幅＋左右に0.15メートル以下 2メートル以下 |
| 原動機付自転車 | 1人 | 30キログラム | | |

### 暗記項目 6　日常点検の内容

日常点検は、運転者などが、走行距離や運行時の状況などから判断した適切な時期に運転者自身で行う点検。1日1回、運行前に日常点検を行う車は下記のとおり。

| | 1日1回、運行前に日常点検を行う車（抜粋） |
|---|---|
| 1 | 事業用自動車（バス、タクシーなど） |
| 2 | レンタカー |
| 3 | 自家用の大型自動車、中型自動車、準中型貨物自動車、普通貨物自動車（総排気量 660cc 以下のものを除く）、大型特殊自動車など |

| 日常点検の内容（おもなもの）＊二輪車は車のまわりから点検する | | |
|---|---|---|
| 運転席での点検 | ブレーキ（踏みしろ、引きしろ、効き） | 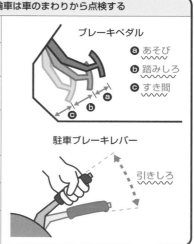<br>ブレーキペダル<br>ⓐ あそび<br>ⓑ 踏みしろ<br>ⓒ すき間<br><br>駐車ブレーキレバー<br>引きしろ |
| | エンジン（かかり具合、異音、低速・加速の状態） | |
| | ウインド・ウォッシャ、ワイパー（噴射状態、ふき取りの状態） | |
| エンジンルームの点検 | 液量・水量（ウインド・ウォッシャ液、ブレーキ液、バッテリー液、ラジエータ液、エンジンオイル） | |
| | ファンベルト（張り具合、損傷） | |
| 車のまわりからの点検 | 灯火類（点灯、点滅、汚れ、損傷） | |
| | タイヤ（空気圧、亀裂、損傷、摩耗、溝の深さ） | |

### 暗記項目 7　定期点検と点検時期

定期点検は、日常点検では把握できない項目が含まれていて、故障を事前に防止するために必要な点検。定期点検の時期は、自動車の種類や用途によって下記（抜粋）のとおり定められている。

| | |
|---|---|
| **3**<br>か月ごと | 事業用の自動車（660cc 以下の自動車、大型・普通自動二輪車を除く） |
| | 自家用の大型自動車・中型自動車（車両総重量8ｔ未満の貨物自動車を除く） |
| | 準中型貨物自動車、普通貨物自動車などのレンタカー |
| **6**<br>か月ごと | 自家用の準中型貨物自動車、普通貨物自動車（660cc 以下の自動車を除く） |
| | 普通乗用自動車などのレンタカー（660cc 以下の自動車、大型・普通自動二輪車を含む） |
| **1**<br>年ごと | 自家用の普通乗用自動車など（660cc 以下の自動車、大型・普通自動二輪車を含む） |

## 暗記項目 8　視覚の特性・自然の力

| | |
|---|---|
| 視覚の特性 | 運転に重要な感覚は視覚。疲労は最も目に影響し、見落としや見間違いが多くなる。 |
| | 速度が上がるほど視力は低下し、とくに近くのものが見えにくくなる。 |
| | トンネルの出入りなどで明るさが急に変わると、視力は一時急激に低下する。 |
| 自然の力 | 走行中の車には運動エネルギーが生じ、慣性力、遠心力、摩擦力などの自然の力が働く。安全運転するためには、これらを理解し、車をコントロールできる限界があることを知ることが大切。 |
| | 遠心力は、カーブの半径が小さくなる（急になる）ほど大きく作用する。 |
| | 遠心力・衝撃力・制動距離は、速度の二乗に比例して大きくなる。 |

## 暗記項目 9　四輪車の乗車姿勢とふさわしい服装

| | | |
|---|---|---|
| 身体 | ハンドルに正対する。斜めに座らない。 |  ひじがわずかに曲がる |
| 頭 | 座高を調節し、ヘッドレストの中心に合わせる。 | |
| ひじ（シートの背） | ハンドルに両手をかけたとき、わずかに曲がるようにする。窓枠にのせない。 | |
| ひざ（シートの前後） | クラッチペダルを踏み込んだとき、わずかに曲がるようにする。 | |
| 服装 | 運転操作に支障がなく、活動しやすい服装や靴で運転する。げたやハイヒールの使用は不可。 | ひざがわずかに曲がる |

## 暗記項目 10　シートベルト・チャイルドシートの着用義務

| | |
|---|---|
| シートベルト | 運転者が着用するのはもちろん、運転者は原則として同乗するすべての人にシートベルトを着用させる。 |
| チャイルドシート | 6歳未満の幼児を乗せるときは、体格に合ったチャイルドシートを使用する。シートベルトを適切に着用できない子どもにも使用させる。 |

| シートベルトの着用方法 | |
|---|---|
| 肩ベルト | 首にかからないようにして、たるませない。 |
| 腰ベルト | 骨盤を巻くようにして、しっかり締める。 |
| バックル | 外れないように「カチッ」と音がするまで金具に差し込む。 |
| 全体 | ベルトがねじれないようにする。 |

## 暗記項目 **11** 二輪車の乗車姿勢とふさわしい服装

| 乗車姿勢 | 1 | 背すじを伸ばし、視線は先のほうへ向ける。 |
|---|---|---|
| | 2 | 肩の力を抜き、ひじをわずかに曲げる。 |
| | 3 | 手首を下げて、ハンドルを前に押すようにグリップを軽く持つ。 |
| | 4 | ステップに土踏まずをのせ、足の裏が水平になるようにする。 |
| | 5 | 足先がまっすぐ前方に向くようにして、タンクを両ひざで締める。 |

肩　目
ひじ　手
腰
足　ひざ

| 服　装 | 1 | PS(c) マークか JIS マークの付いた乗車用ヘルメットをかぶる。工事用安全帽はダメ。 |
|---|---|---|
| | 2 | 転倒に備え、体の露出が少ない長そで・長ズボンを着用する。目につきやすい色のものを選ぶ。プロテクターを着用する。 |
| | 3 | 運転の妨げになるげたやハイヒールなどは避け、運動靴などを履く。 |
| | 4 | 夜間は、見落とされないように、反射性のウェアや反射材の付いたヘルメットを着用する。 |

ヘルメット
ウェア
グローブ
シューズ

## 暗記項目 **12** 携帯電話などの使用制限

| 携帯電話 | 運転中は、通話やメールの送受信のため、携帯電話を手に持って使用してはいけない。事前に電源を切ったり、ドライブモードなどに切り替えたりしておく。 |
|---|---|
| カーナビゲーション装置など | 運転中は、カーナビゲーション装置、テレビ、携帯電話などの画像を注視してはいけない（周囲の安全確認ができなくなり、非常に危険）。 |

| 問題 | 正解・解説 |
|---|---|

**No. 1** 車を長時間運転するときは、とくに時間を決めて休憩する必要はない。

**No.1** ✕ 車を長時間運転するときは、2時間に1回は休憩して疲れをとります。

**No. 2** 運転するとき、自動車検査証や強制保険の証明書は自宅に保管しておくべきである。

**No.2** ✕ 自動車検査証や強制保険（自賠責保険または責任共済）の証明書は、車に備えつけて運転します。

**No. 3** 「車など」の区分で、原動機付自転車は「車」に含まれ、自動車には含まれない。

**No.3** ⭕ 車（車両）は、自動車、原動機付自転車、軽車両に分類されます。

**No. 4** エンジンの総排気量90ccの二輪車は、原動機付自転車になる。

**No.4** ✕ 総排気量90ccの二輪車は、原動機付自転車ではなく、普通自動二輪車になります。

**No. 5** 運転免許は、第一種免許、第二種免許、第三種免許の3種類に分けられる。

**No.5** ✕ 運転免許は、第一種免許、第二種免許、仮免許の3種類に分けられます。

**No. 6** 普通免許で運転できるのは、普通自動車だけである。

**No.6** ✕ 普通免許を受けると、普通自動車、小型特殊自動車、原動機付自転車を運転することができます。

**No. 7** 自家用の普通貨物自動車（総排気量660cc以下のものを除く）は、1日1回、運行前に日常点検を行わなければならない。

**No.7** ⭕ 660ccを超える自家用の普通貨物自動車は、1日1回、日常点検を行います。

**No. 8** 普通貨物自動車の荷台に、高さ3.8メートルの荷物を積んで運転した（三輪と総排気量660cc以下のものを除く）。

**No.8** ✕ 四輪車に積載できる高さ制限は地上から3.8メートル以下なので、高さ3.8メートルの荷物は積めません。

**を要チェック！** 問題文の正誤を判断できるのがこの波線部だ。問題文を読んだらすぐにここに目がいくようトレーニングしていこう。

---

**No. 9**
普通自動車には、自動車から左右に 0.3 メートルまではみ出して荷物を積むことができる。
🔍 ここに注目！

**No.9** ✕
規定値ではなく、自動車の幅に加え、左右にそれぞれ幅の 10 分の 1 ずつはみ出して荷物を積めます。

---

**No. 10**
貨物自動車に積める荷物の重量は、自動車検査証に記載されている最大積載量を超えてはいけない。
🔍 ここに注目！

**No.10** ◯
自動車検査証に記載されている最大積載量までしか、荷物を積むことはできません。

---

**No. 11**
走行中の運転者の視力は、明るさが急に変わると一時急激に低下するので、注意して運転しなければならない。🔍 ここに注目！

**No.11** ◯
トンネルに入るとき、トンネルから出るときなどは、視力の低下に注意が必要です。

---

**No. 12**
走行中の車に働く遠心力は、カーブの半径が大きくなるほど大きく作用する。
🔍 ここに注目！

**No.12** ✕
遠心力は、カーブの半径が小さくなる（急になる）ほど大きくなります。

---

**No. 13**
四輪車のブレーキペダルには、あそびがあってはならない。
ここに注目！🔍

**No.13** ✕
四輪車のブレーキペダルには、適度なあそびが必要です。

---

**No. 14**
マフラーが破損した自動二輪車は、大きな音が出て迷惑になるので、運転してはならない。
🔍 ここに注目！

**No.14** ◯
マフラーが破損した車は「整備不良車」になり、運転してはいけません。

---

**No. 15**
ここに注目！🔍
工事用安全帽は、二輪車を運転するときの乗車用ヘルメットとして認められていない。

**No.15** ◯
工事用安全帽は乗車用ヘルメットではないので、ＰＳ(c)マークやＪＩＳマークの付いたものを選びます。

---

**No. 16**
四輪車を運転して疲れたときは、窓枠にひじをのせて運転するのがよい。🔍 ここに注目！

**No.16** ✕
窓枠にひじをのせて運転すると、正しい運転操作はできません。

---

# 標識・標示・信号

重要度 ☆☆☆

ポイント＆対策

標識・標示・信号は、覚えておくことが多い
ジャンルです。種類ごとにまとめて覚え、問
題文をよく読むことも大切です。

---

## STEP 1　ここを押さえる！　出題パターン攻略

### 出題パターン 1　似たような意味をきく問題

| 問 | 右の標識のあるところでは、追い越しが禁止されている。 |  |

**ここを見る！** ➡ **似ているものがないか確認！**

正解 ✕

この標識は、「<u>追越しのための右側部分はみ出し通行禁止</u>」です。「<u>追越し禁止</u>」の補助標識のある、なしがポイントです。

対策はこれだ！

### 出題パターン 2　原則と例外をきく問題

| 問 | 正面の信号が黄色の灯火（とうか）のときは、原則として停止位置から先へ進んではいけない。 |

**ここを見る！** ➡ **原則として＝例外あり！**

正解 ◯

黄信号では、停止位置から<u>先へ進めません</u>が、停止位置に近づいていて安全に停止できないときは、<u>そのまま進める</u>例外があります。

対策はこれだ！

### 出題パターン 3　ケアレスミスをしやすい問題

| 問 | 警察官が灯火を頭上に上げているとき、警察官の身体の正面に平行する交通に交差する交通に対しては、赤信号と同じ意味を表している。 |

**ここを見る！** ➡ **問題文をよく読めばOK！**

正解 ◯

警察官の身体の正面に<u>対面する交通</u>の信号の意味を問う問題。対面する交通に対しては、<u>赤色の灯火信号</u>と同じ意味を表します。

対策はこれだ！

## STEP2 これだけ覚える！ 交通ルール 暗記項目

### 暗記項目13 標識の種類と意味

| | **本標識は4種類に分けられる** | |
|---|---|---|
| **本標識** | **❶規制標識**<br>特定の交通方法を禁止したり、特定の方法に従って通行するよう指定したりするもの | 車両通行止め  歩行者専用  |
| | **❷指示標識**<br>特定の交通方法ができることや、道路交通上決められた場所などを指示するもの | 優先道路 横断歩道  |
| | **❸警戒標識**<br>道路上の危険や注意すべき状況などを前もって道路利用者に知らせるもの。すべて黄色のひし形 | 学校,幼稚園,保育所などあり 下り急こう配あり 黄 黄 |
| | **❹案内標識**<br>地点の名称、方面、距離などを示して通行の便宜を図ろうとするもの。緑色の標示板は高速道路に関するもの | 入口の予告 待避所  緑 |
| **補助標識** | 本標識に取り付けられ、その意味を補足するもので、単独で用いられることはない | 車の種類 始まり 終わり   |

### 暗記項目14 標示の種類と意味

| **❶規制標示**<br>特定の交通方法を禁止したり、特定の方法に従って通行するよう指定したりするもの | 転回禁止 黄  | 駐車禁止 黄  |
|---|---|---|
| **❷指示標示**<br>特定の交通方法ができることや、道路交通上決められた場所などを指示するもの | 安全地帯 軌道 黄  | 横断歩道または自転車横断帯あり  |

17

| 通行止め | 二輪の自動車以外の自動車通行止め | 車両横断禁止 | 追越しのための右側部分はみ出し通行禁止 |
|---|---|---|---|
|  |  |  |  |
| 歩行者、車、路面電車のすべてが通行できない。 | 大型自動二輪車と普通自動二輪車以外の自動車は通行できない。 | 車は、右折を伴う道路の右側への横断が禁止されている（左側への横断は可）。 | 車は、道路の右側部分にはみ出す追い越しが禁止されている。 |

| 最高速度 | 歩行者専用 | 一方通行 | 原動機付自転車の右折方法（小回り） |
|---|---|---|---|
|  |  |  |  |
| 標識で示す数字を超える速度で運転してはいけない（上記は最高速度時速30キロメートル）。 | 歩行者専用道路を表し、車は原則として通行できない。 | 一方通行の道路を表す。白地に青色矢印の「左折可」の標示板と似ているので注意。 | 原動機付自転車は、自動車と同じ小回りの方法で右折しなければならない。 |

| 安全地帯 | Ｔ形道路交差点あり | 幅員減少 | 道路工事中 |
|---|---|---|---|
|  | 黄 | 黄 | 黄 |
| 安全地帯であることを表し、車は進入することができない。 | この先にＴ形の交差点があることを表す。行き止まりを表すものではない。 | この先の道路の幅が狭くなることを表す。「車線数減少」の警戒標識と似ているので注意。 | この先の道路が工事中であることを表す。通行止めを意味するものではない。 |

| 停止禁止部分 | 終わり | 右側通行 | 前方優先道路 |
|---|---|---|---|
|  | 黄 |  |  |
| 車は、この標示内に停止してはいけない。停止は禁止されているが通行することはできる。 | 白色の標示は、黄色の規制区間がここで終わることを表す（上記は転回禁止区間の終わり）。 | 車は、道路の右側部分にはみ出して通行することができる。はみ出さなければならないわけではない。 | 標示がある道路と交差する前方の道路が優先道路であることを表す。 |

## 暗記項目16 信号の種類と意味

| | | |
|---|---|---|
| 青色の灯火信号 | ● ○ ○ | 車（軽車両を除く）は、直進・左折・右折できる。ただし、二段階右折する原動機付自転車と軽車両は右折できない。 |
| 黄色の灯火信号 | ○ ● ○　黄 | 車は、停止位置から先へ進んではいけない。ただし、停止位置に近づいていて安全に停止できない場合は、そのまま進める。 |
| 赤色の灯火信号 | ○ ○ ● | 車は、停止位置を越えて進んではいけない。 |
| 青色の灯火の矢印信号 | ○ ○ ○　青→ | 車は、矢印の方向に進める。右矢印では転回できる。ただし、二段階右折する原動機付自転車と軽車両は、右矢印に従って進めない。 |
| 黄色の灯火の矢印信号 | ○ ○ ●　黄→ | 路面電車は、矢印の方向に進める。路面電車に対する信号なので、車は進めない。 |
| 黄色の灯火の点滅信号 | ○ ● ○　黄 | 車は、他の交通に注意して進める。必ずしも一時停止や徐行する必要はない。 |
| 赤色の灯火の点滅信号 | ○ ○ ●　赤 | 車は、停止位置で一時停止し、安全を確認したあとに進める。 |
| 「左折可」の標示板があるとき | ← | 前方の信号が赤や黄でも、車は歩行者などまわりの交通に注意しながら左折できる。 |

## 暗記項目17 警察官などの手信号・灯火信号の意味

| | | |
|---|---|---|
| 腕を横に水平に上げているとき | 身体の正面（背面）に平行する交通は青信号と同じ、対面する交通は赤信号と同じ。 | |
| 腕を垂直に上げているとき | 身体の正面（背面）に平行する交通は黄信号と同じ、対面する交通は赤信号と同じ。 | |
| 灯火を横に振っているとき | 灯火の振られている方向の交通は青信号と同じ、対面する交通は赤信号と同じ。 | |
| 灯火を頭上に上げているとき | 身体の正面（背面）に平行する交通は黄信号と同じ、対面する交通は赤信号と同じ。 | |

問題 | 正解・解説

**No.1**
交通整理中の警察官や交通巡視員の手信号が信号機の信号と異なるときは、信号機の信号に従わなくてもよい。

**No.1** ○
信号機の信号ではなく、警察官や交通巡視員の手信号に従わなければなりません。

**No.2**
信号機が青色の灯火を表示しているとき、車は進行できるが、歩行者は進行することができない。

**No.2** ×
青信号のときは、歩行者も信号に従って進むことができます。

**No.3**
図1の信号のある交差点では、自動車は矢印の信号に従って右折することができない。
図1 黄

**No.3** ○
黄色の矢印信号は路面電車に対する信号なので、自動車は進行できません。

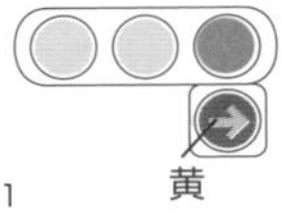

**No.4**
前方の信号が赤色の点滅を表示しているとき、車は他の交通に注意して進むことができる。

**No.4** ×
赤色の点滅信号では、停止位置で一時停止し、安全を確かめてから進行しなければなりません。

**No.5**
警察官が交差点で両腕を垂直に上げる手信号をしているとき、身体の正面に対面する車は進行してはならない。

**No.5** ○
身体の正面に対面する車に対しては赤信号と同じ意味なので、停止位置を越えて進行してはいけません。

**No.6**
図2の標識は、自動車や原動機付自転車はもちろん、軽車両や歩行者も通行することができない。
図2

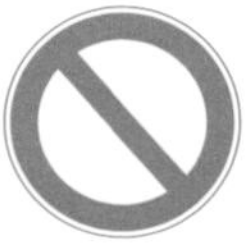

**No.6** ×
図2は「車両通行止め」を表し、車は通行できませんが、歩行者の通行は禁止されていません。

**No.7**
図3の標識は、前方の交差する道路が優先道路であることを示している。
図3

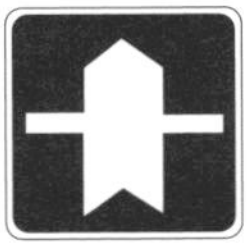

**No.7** ×
図3の標識は「優先道路」を表し、この標識のある側の道路が優先道路です。

**No.8**
図4の標示は、車両の立入り禁止部分を示している。
図4

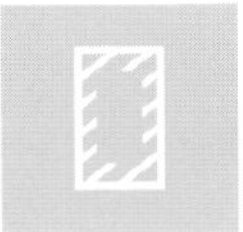

**No.8** ×
図4の標示は「立入り禁止部分」ではなく、「停止禁止部分」を表し、この中で停止してはいけません。

**を要チェック！** 問題文の正誤を判断できるのがこの波線部だ。問題文を読んだらすぐにここに目がいくようトレーニングしていこう。

| | | |
|---|---|---|
| **No. 9** | 図5の標識のある場所を通るときは、危険を感じる場合に限り、警音器を鳴らさなければならない。図5 | **No.9** ✗ 図5の「警笛鳴らせ」の標識のある場所を通るときは、必ず警音器を鳴らさなければなりません。 |
| **No. 10** | 図6の標識のある交差点では、原動機付自転車は自動車と同じ方法で右折しなければならない。図6 | **No.10** ○ 図6は「原動機付自転車の右折方法（小回り）」の標識で、自動車と同じ小回りの方法で右折します。 |
| **No. 11** | 図7の標識は、この先が工事中で通行することができないことを表している。図7 黄 | **No.11** ✗ 図7は「道路工事中」の警戒標識ですが、通行禁止を意味するものではありません。 |
|  **No. 12** | 図8の標示は、この先に交差点があることを表している。図8 | **No.12** ✗ 図8は「横断歩道または自転車横断帯あり」の標示で、交差点があることを表すものではありません。 |
| **No. 13** | 図9の標識は、車が駐車するとき、道路の端に対して平行に止めなければならないことを表している。図9 | **No.13** ○ 図9は「平行駐車」を表し、道路の端に対して平行に止めなければなりません。 |
|  **No. 14** | 正面の信号が黄色の灯火を示しているときは、他の交通に注意しながら進むことができる。 | **No.14** ✗ 黄色の灯火信号では、原則として停止位置から先へ進行してはいけません。 |
| **No. 15** | 警察官が図10の灯火信号を行っている場合、矢印方向の交通は、信号機の青色の灯火信号と同じ意味である。図10 | **No.15** ○ 灯火が振られている方向の交通に対しては、信号機の青色の灯火信号と同じ意味を表しています。 |
| **No. 16** | 正面の信号が黄色の点滅を表示しているとき、車は徐行して進まなければならない。 | **No.16** ✗ 黄色の点滅信号では、車は他の交通に注意して進むことができ、徐行する必要はありません。 |

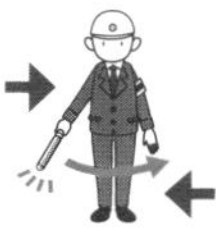

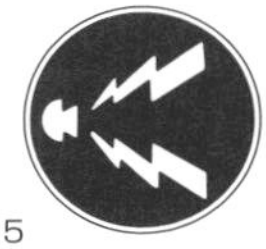

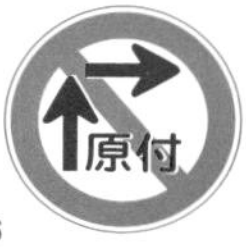

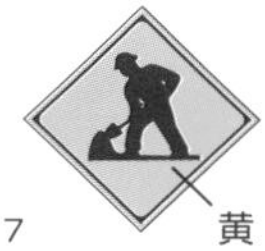

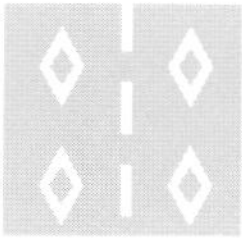

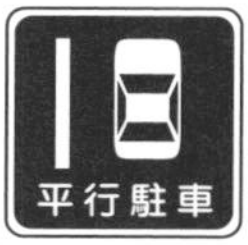

# 速度

重要度 ☆☆☆

 ポイント & 対策

数字が多く登場するジャンルですが、項目ごとに出てくる数字の種類は限られているので、それぞれしっかり覚えておきましょう。

## STEP **1** ここを押さえる！ 出題パターン攻略

### 出題パターン **1** 常識的な内容をきく問題

問 | 車の最高速度は、標識や標示によって指定されていない道路では、車の種類によって法令で定められており、この速度を超えて運転してはいけない。

ここを見る！ → 問題をよく読めばOK！

正解 ○

車の種類によって定められている法定速度（自動車は時速 60 キロメートル、原動機付自転車は時速 30 キロメートル）を超えて運転してはいけません。

対策はこれだ！
暗記項目 18　暗記項目 20
暗記項目 21

### 出題パターン **2** 言葉の意味をきく問題

問 | 制動距離とは、空走距離と停止距離を合わせた距離のことである。

ここを見る！ → しっかり覚えておけば大丈夫！

正解 ✕

制動距離は、ブレーキが効き始めてから車が停止するまでの距離をいい、この制動距離と空走距離を合わせた距離が停止距離です。

対策はこれだ！
暗記項目 18　暗記項目 19
暗記項目 21

### 出題パターン **3** 数字が合っているかをきく問題

問 | 路面が雨に濡れ、タイヤがすり減っている場合の停止距離は、乾燥した路面でタイヤの状態がよい場合に比べて、4倍程度に延びることがある。

ここを見る！ → 数字の信憑性をチェック！

正解 ✕

設問のような場合の停止距離は、2倍程度に延びることがあります。

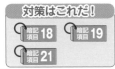
対策はこれだ！
暗記項目 18　暗記項目 19
暗記項目 21

### 暗記項目 18 　最高速度の意味

● **規制速度**

標識や標示（右図）で指定されている最高速度。車は、規制速度を超えて運転してはいけない。

最高速度時速 30 キロメートルの標識・標示

標識　　　　　　　　　　標示　　黄

● **法定速度**

標識や標示で最高速度が指定されていない道路での最高速度。車は、法定速度を超えて運転してはいけない。

| 自動車の法定速度 | 原動機付自転車の法定速度 |
|---|---|
| 時速 **60** キロメートル | 時速 **30** キロメートル |

\*けん引するときの法定速度は、車種などによって時速 40・30・25 キロメートルの3種類がある。

### 暗記項目 19 　車の停止距離

**空走距離**

危険を感じてからブレーキをかけ、ブレーキが効き始めるまでに走る距離

**＋**

**制動距離**

ブレーキが効き始めてから、車が完全に停止するまでに走る距離

**＝**

**停止距離**

危険を感じてブレーキをかけ、車が完全に停止するまでに走る距離

| 1 | 運転者が疲れているときは、空走距離が長くなる。 |
|---|---|
| 2 | 路面が雨に濡れているときや、タイヤがすり減っているときなどは、制動距離が長くなる。 |
| 3 | 路面が雨に濡れ、タイヤがすり減っている場合の停止距離は、路面が乾燥してタイヤが新しい場合に比べて2倍程度に延びることがある。 |

### 暗記項目 20 　ブレーキのかけ方

| 1 | 最初はできるだけ軽く、その後、必要な強さまでかける。危険を避けるためやむを得ない場合以外は、急ブレーキをかけてはいけない。 |  |
|---|---|---|
| 2 | 急ブレーキは避け、数回に分けて使用する。数回に分けるとブレーキ灯が点灯するので、後続車の追突防止に役立つ。 | |

ブレーキをかけたな

点滅

## 暗記項目21 徐行の意味と徐行場所

**徐行の意味**（じょこう）……徐行とは、車がすぐに停止できるような速度で進行することをいう。すぐに停止できるような速度とは、ブレーキをかけて 1 メートル以内で停止できる速度であり、時速 10 キロメートル以下が目安。

| 徐行しなければならない場所 | | |
|---|---|---|
| 1 | 「徐行」の標識（右図）のある場所 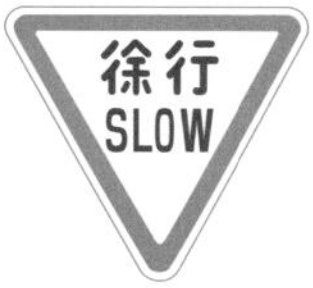  | 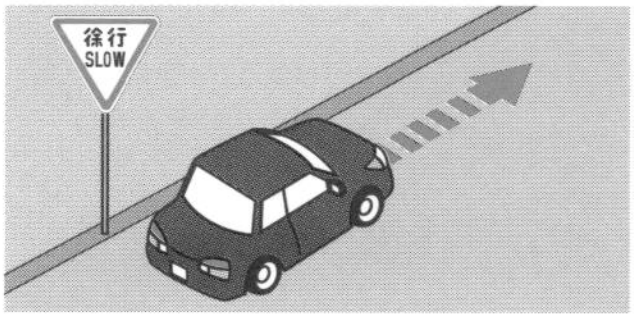  |
| 2 | 左右の見通しのきかない交差点 | 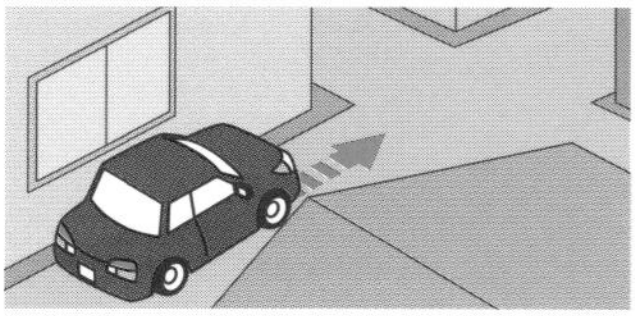 |
| | 交通整理が行われている場合や、優先道路を通行している場合は、徐行の必要はない。 | 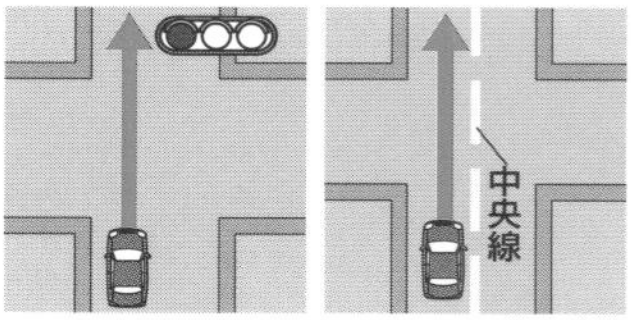  |
| 3 | 道路の曲がり角付近 | 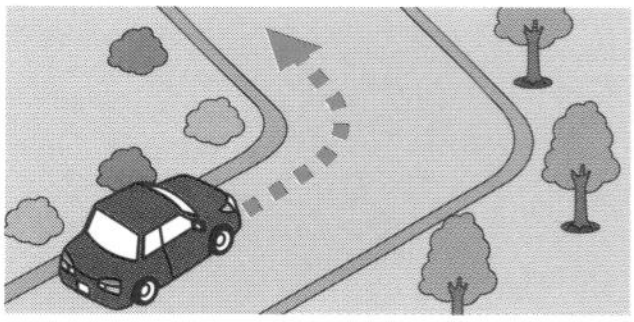 |
| 4 | 上り坂の頂上付近 | 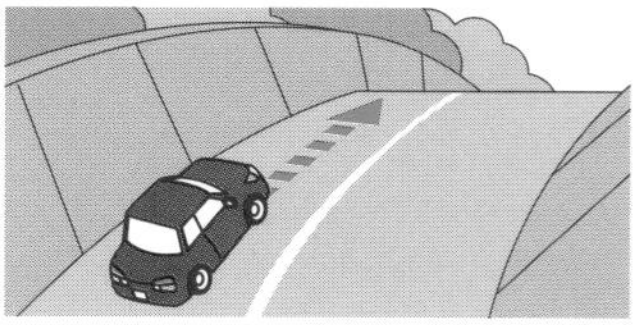 |
| 5 | こう配（ばい）の急な下り坂<br>上り坂は徐行場所ではない。 | 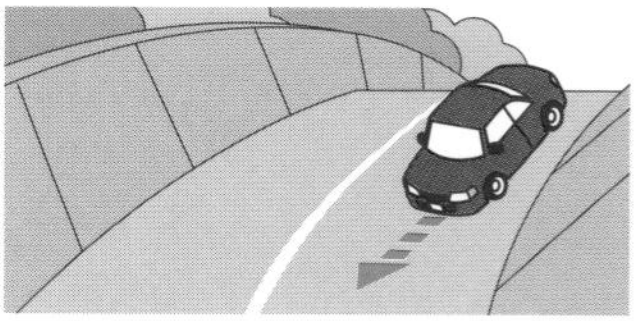 |

## 暗記項目22 徐行しなければならない場合

| 1 | 許可を受けて<u>歩行者専用道路</u>を通行するとき（➡ P29 暗記項目 **25**） |
|---|---|
| 2 | 歩行者などの側方を通過するときで、<u>安全な間隔</u>があけられないとき（➡ P33 暗記項目 **29**） |
| 3 | 道路外に出るため、<u>左折</u>または<u>右折</u>するとき |
| 4 | <u>安全地帯</u>がある停留所に停止中の路面電車の側方を通過するときや、安全地帯がない停留所で乗降客がなく、路面電車との間に <u>1.5</u> メートル以上の間隔がとれる場合に側方を通過するとき（➡ P33 暗記項目 **29**） |
| 5 | 交差点で<u>左折</u>や<u>右折</u>するとき（➡ P43 暗記項目 **39**） |
| 6 | <u>優先道路</u>、または<u>幅の広い道路</u>に入ろうとするとき（➡ P44 暗記項目 **42**） |
| 7 | <u>ぬかるみ</u>や<u>水たまり</u>のある場所を通行するとき |
| 8 | <u>身体障害者</u>（つえ、車いす、盲導犬）や<u>児童</u>、<u>幼児</u>、通行に<u>支障のある</u>高齢者などの通行を保護するとき（一時停止または徐行。➡ P34 暗記項目 **31**） |
| 9 | 歩行者がいる<u>安全地帯</u>の側方を通過するとき（➡ P33 暗記項目 **29**） |
| 10 | 児童や幼児などの乗り降りのために停止中の<u>通学・通園バス</u>の側方を通過するとき |

## 暗記項目23 安全な速度と車間距離

| 安全な速度 | 決められた速度の範囲内であっても、道路や交通の<u>状況</u>、<u>天候</u>や<u>視界</u>などをよく考えて、<u>安全な速度</u>で運転する。<br>減速　　減速 |
|---|---|
| 安全な車間距離 | <u>天候</u>や<u>路面</u>、タイヤの状態や荷物の<u>重さ</u>などをよく考えて、前車が急に止まっても、これに<u>追突</u>しないような<u>安全な車間距離</u>を保って運転する。<br>安全な車間距離 |

**問題**

**正解・解説**

---

**No.1**
一般道路での法定速度は、自動車が時速60キロメートル、原動機付自転車が時速30キロメートルである。 🔍ここに注目!

**No.1** ◯
一般道路の法定速度は、自動車が時速 <u>60</u> キロメートル、原動機付自転車が時速 <u>30</u> キロメートルです。

---

**No.2**
自動車は、交通の流れをよくするために、つねに制限速度いっぱいの速度で走るのがよい。 🔍ここに注目!

**No.2** ✕
天候や道路の状況などを考えた、制限速度内の<u>安全な速度</u>で運転しなければなりません。

---

**No.3**
ブレーキをかけるときは、最初はできるだけ強くかけたほうがよい。 🔍ここに注目!

**No.3** ✕
ブレーキは、最初は<u>軽く</u>かけ、<u>徐々に力を加える</u>ようにして使用します。

---

**No.4**
運転者が疲れていると、危険を判断するまでに時間がかかるので、空走距離が長くなる。 🔍ここに注目!

**No.4** ◯
運転者が疲労しているときは、ブレーキが効き始めるまでに走る<u>空走距離</u>が長くなります。

---

**No.5**
左右の見通しのきかない交差点では、優先道路を通行しているときでも、徐行しなければならない。 🔍ここに注目!

**No.5** ✕
優先道路を通行しているときは、左右の見通しのきかない交差点でも<u>徐行</u>する必要はありません。

---

**No.6**
徐行とは、車がすぐに停止できるような速度で進行することをいう。 🔍ここに注目!

**No.6** ◯
ブレーキをかけてから<u>1</u>メートル以内で止まれる速度で、時速 <u>10</u> キロメートル以下とされています。

---

**No.7**
こう配の急な上り坂は、徐行すべき場所に指定されていない。 🔍ここに注目!

**No.7** ◯
坂道で徐行場所に指定されているのは、上り坂の<u>頂上付近</u>とこう配の急な<u>下り坂</u>です。

---

**No.8**
自動二輪車でブレーキをかけるときは、前輪ブレーキよりも後輪ブレーキをやや早めにかけるようにする。 🔍ここに注目!

**No.8** ✕
自動二輪車のブレーキは、前輪ブレーキと後輪ブレーキを<u>同時に使用する</u>のが基本です。

---

**ここに注目!** を要チェック! 問題文の正誤を判断できるのがこの波線部だ。問題文を読んだらすぐにここに目がいくようトレーニングしていこう。

| No. **9** | 大型自動車の一般道路での法定速度は、乗用・貨物ともに時速 60 キロメートルである。　ここに注目! | No.9 ◯ | 大型自動車の一般道路での法定速度は、乗用（バス）も貨物（トラック）も時速 60 キロメートルです。 |

| No. **10** | 道路の曲がり角付近は、見通しがよい場合でも、徐行しなければならない。　ここに注目! | No.10 ◯ | 道路の曲がり角付近は、徐行場所に指定されています。見通しにかかわらず、必ず徐行しなければなりません。 |

| No. **11** | ブレーキはブレーキ灯と連動しており、これを断続的にかけると後続車の迷惑になるので避けたほうがよい。　ここに注目! | No.11 ✕ | ブレーキを断続的にかけるとブレーキ灯が点滅しますが、後続車に対して自車の減速する意思を知らせるために効果的なものです。 |

| No. **12** | 運転中、道路や交通の状況に少しでも危険を感じたときは、まずスピードを落とすことが大切である。　ここに注目! | No.12 ◯ | 道路や交通の状況を考慮し、まず速度を落としてから状況を判断することが大切です。 |

| No. **13** | 右の標識があったので、時速 50 キロメートルから時速 20 キロメートルまで速度を落として通行した。　ここに注目!　徐行 SLOW | No.13 ✕ | ただちに停止できる速度（おおむね時速 10 キロメートル以下）に減速しなければ、徐行したことにはなりません。 |

| No. **14** | 停止距離は、空走距離と制動距離を合わせたものである。　ここに注目! | No.14 ◯ | 空走距離（ブレーキが効き始めるまでの距離）と制動距離（ブレーキが効いて止まるまでの距離）を合わせた距離が停止距離です。 |

| No. **15** | 左右の見通しがきかない交差点では徐行しなければならないが、優先道路を通行している場合は徐行する必要はない。　ここに注目! | No.15 ◯ | 優先道路を通行している場合や、交通整理が行われている場合は、左右の見通しがきかない交差点でも徐行する必要はありません。 |

| No. **16** | 歩行者のそばを通るときは、必ず徐行しなければならない。　ここに注目! | No.16 ✕ | 安全な間隔をあけることができれば、必ずしも徐行する必要はありません。 |

重要度 ☆☆☆

ポイント & 対策

# 通行・合図

このジャンルは、原則と例外があるルールが多く存在します。例外がある項目をピックアップして覚えます。

## STEP 1　ここを押さえる！　出題パターン攻略

### 出題パターン 1　交通ルールの原則をきく問題

**問**　同一方向に2つの車両通行帯がある道路では、速度の遅い車が左側の通行帯を、速度の速い車が右側の通行帯を通行する。

**ここを見る！ ➡ ルールに照らし合わせて考える！**

正解 ✕　2車線の道路では、右側の通行帯は追い越しなどのためにあけておき、左側の通行帯を通行するのが原則です。

**対策はこれだ！**
暗記項目 **24**　暗記項目 **25**
暗記項目 **26**　暗記項目 **28**

### 出題パターン 2　類似する内容の数字をきく問題

**問**　右左折しようとするときの合図は、右左折しようとする約3秒前に行う。

**ここを見る！ ➡ 数字の意味を吟味する！**

正解 ✕　右左折するときは、右左折しようとする地点から、30メートル手前で合図をします。

**対策はこれだ！**
暗記項目 **24**　暗記項目 **27**

### 出題パターン 3　例外があるかをきく問題

**問**　歩道や路側帯を横切るときは、歩行者がいてもいなくても、その直前で一時停止しなければならない。

**ここを見る！ ➡ 例外があるかを考えてみる！**

正解 ○　歩道や路側帯を横切るときは、歩行者の有無にかかわらず、一時停止しなければなりません。

**対策はこれだ！**
暗記項目 **24**　暗記項目 **25**
暗記項目 **26**

## STEP2 これだけ覚える！ 交通ルール 暗記項目

### 暗記項目24 車が通行する場所

| 車両通行帯のない道路 | 車は、道路の左側に寄って通行する。 |
|---|---|
| 車両通行帯のある道路 | 車は、左側の通行帯を通行する<br>（最も右側の通行帯は右折や追い越しのためにあけておく）。 |

**道路の中央より右側部分にはみ出して通行できる場合** ＊2～4は、はみ出し方を最小限に

| | | |
|---|---|---|
| 1 | 道路が一方通行になっているとき | <br>右側通行 |
| 2 | 通行するための十分な道幅がないとき | |
| 3 | 道路工事などでやむを得ないとき | |
| 4 | 左側部分の幅が6メートル未満の見通しのよい道路で追い越しをするとき（禁止場所を除く） | |
| 5 | 「右側通行」の標示（右図）があるとき | |

### 暗記項目25 自動車や原動機付自転車の通行が禁止されている場所

| | |
|---|---|
| 1 | 標識や標示で通行が禁止されている場所（右は一例）。  通行止め　 車両通行止め　 自転車専用　 安全地帯　 立入り禁止部分 |
| 2 | 歩道・路側帯。ただし、道路に面した場所に出入りするために横切る場合は、その直前で一時停止して通行できる。 |
| 3 | 歩行者専用道路。ただし、とくに認められた車は徐行して通行できる。 |
| 4 | 軌道敷内。ただし、右左折するためや、やむを得ない場合などでは通行できる。 |

### 暗記項目26 警音器を鳴らさなければならない場所

| | | |
|---|---|---|
| 1 | 「警笛鳴らせ」の標識（右図）があるとき |  |
| 2 | 「警笛区間」の標識（右図）がある区間内の次の場所を通るとき<br>①見通しのきかない交差点、②見通しのきかない道路の曲がり角、<br>③見通しのきかない上り坂の頂上 |  |

警音器はみだりに鳴らしてはならないが、危険を防止するためやむを得ないときは鳴らすことができる。

**暗記項目27　合図の時期と方法**

| 合図を行う場合 | 合図を行う時期 | 合図の方法 |
|---|---|---|
| **左折するとき（環状交差点内を除く）** | 左折地点（交差点ではその交差点）から 30 メートル手前 | |
| **環状交差点を出るとき（入るときは合図を行わない）** | 出ようとする地点の直前の出口の側方を通過したとき（環状交差点に入った直後の出口を出る場合は、その環状交差点に入ったとき） | 左側の方向指示器を出すか、右腕のひじを垂直に上に曲げるか、左腕を水平に伸ばす |
| **左へ進路変更するとき** | 進路を変える約3秒前 | |
| **右折または転回するとき（環状交差点内を除く）** | 右折または転回地点（交差点ではその交差点）から 30 メートル手前 | |
| **右へ進路変更するとき** | 進路を変える約3秒前 | 右側の方向指示器を出すか、右腕を水平に伸ばすか、左腕のひじを垂直に上に曲げる |
| **徐行または停止するとき** | 徐行または停止するとき | ブレーキ灯をつけるか、腕を斜め下に伸ばす |
| **後退するとき** | 後退するとき | 後退灯をつけるか、腕を斜め下に伸ばし、手のひらを後ろに向けて腕を前後に振る |

**暗記項目28　進路変更の禁止**

| | | |
|---|---|---|
| 1 | 車両通行帯が黄色の線で区画されているときは、A・Bどちらの側からも進路変更してはいけない。 | A ⃝—✕<br>B ⃝—✕ 黄 |
| 2 | 車両通行帯が白と黄色の線で区画されているときは、黄色の線があるBの側からは進路変更できない。 | A ⃝—✕<br>B ⃝—◯ 黄 |

# STEP 3 これで万全！ 出題ジャンル別・練習問題

| 問題 | 正解・解説 |
|---|---|

**No.1**
同一方向に３つ以上の車両通行帯があるとき、原動機付自転車は原則として最も左側の通行帯を通行しなければならない。 ここに注目！

**No.1** ○
原動機付自転車は、追い越しなどのためやむを得ない場合を除き、最も左側の通行帯を通行します。

**No.2**
一方通行の道路でも、道路の右側部分にはみ出して通行してはならない。 ここに注目！

**No.2** ✕
一方通行の道路は反対方向から車が来ないので、道路の右側部分にはみ出して通行することができます。

**No.3**
歩行者専用道路は、車両の通行が禁止されているが、沿道に車庫を持つ車で警察署長の許可を受けていれば、徐行して通行することができる。 ここに注目！

**No.3** ○
歩行者専用道路は、原則として車の通行が禁止されていますが、許可を受ければ徐行して通行できます。

**No.4**
二輪車を押して歩くときは歩行者として扱われるが、エンジンをかけているもの、側車付きのもの、他の車をけん引しているものは、歩行者として扱われない。 ここに注目！

**No.4** ○
側車付き以外で、けん引していない状態で、エンジンを止めて押して歩く場合に歩行者と見なされます。

**No.5**
図１の手による合図は、右折か転回、または右へ進路を変えようとすることを表している。 ここに注目！
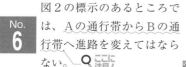
図1

**No.5** ✕
二輪車の運転者による左腕を水平に伸ばす合図は、左折か左へ進路を変えようとすることを表します。

**No.6**
図２の標示のあるところでは、Ａの通行帯からＢの通行帯へ進路を変えてはならない。 ここに注目！

黄
図2 A B

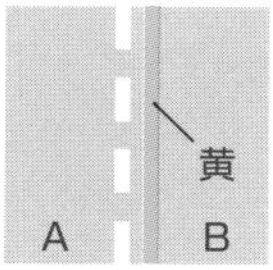

**No.6** ✕
白の破線のあるＡからＢへは進路変更できますが、黄色の実線のあるＢからＡへは進路変更できません。

**No.7**
二輪車は機動性に富み、小回りがきくので、道路が混雑しているときは、車と車との間をぬって走るのがよい。  ここに注目！

**No.7** ✕
二輪車でも、車の間をぬって走ったり、ジグザグ運転をしたりしてはいけません。

**No.8**
前車を追い越そうとしたところ、前車がそれに気づかずに右に進路を変えようとしたので、危険を感じて警音器を鳴らした。  ここに注目！

**No.8** ○
危険を防止するためやむを得ない場合は、警音器を鳴らすことができます。

重要度 ☆☆☆

# 保護・優先

😊 ポイント & 対策

このジャンルは、歩行者や他の車の安全を考えた運転方法をきく問題が多く出されます。安全第一を考えることがポイントです。

STEP**1** ここを押さえる！ **出題パターン攻略**

## 出題パターン **1** **2つのケースをきく問題！**

問 安全地帯のそばを通るとき、歩行者がいるときは徐行しなければならないが、いないときは徐行しなくてもよい。

**ここを見る！** ➡ ケースごとの対応をチェック！

正解 ⭕ 安全地帯に歩行者がいるときは徐行が必要ですが、歩行者がいないときは徐行する必要はありません。

対策はこれだ！

## 出題パターン **2** **歩行者の安全な通行をきく問題！**

問 前方に横断歩道がある道路で、近くに歩行者がいたが、横断歩道を横断するかしないかわからなかったので、そのままの速度で急いで通過した。

**ここを見る！** ➡ 歩行者の安全を第一に考える！

正解 ❌ 横断歩道を横断する人が、いるかいないか明らかでないときは、その手前で停止できるような速度で進まなければなりません。

対策はこれだ！

## 出題パターン **3** **状況によってルールが異なる問題！**

問 近くに交差点のない一方通行の道路で緊急自動車が近づいてきたときは、状況によっては道路の右側に寄って進路を譲ってもよい。

**ここを見る！** ➡ 問題文の状況を把握する！

正解 ⭕ 一方通行の道路で、左側に寄るとかえって交通の妨げになるときは、右側に寄って緊急自動車に進路を譲ります。

対策はこれだ！

## STEP 2 これだけ覚える！ 交通ルール 暗記項目

### 暗記項目29 歩行者などのそばを通るとき

出題ジャンル **5** 保護・優先

| 歩行者や自転車のそばを通るとき | ①歩行者や自転車との間に安全な間隔をあける。 安全な間隔 | ②安全な間隔があけられないときは徐行する。 徐行 |
|---|---|---|
| 安全地帯のそばを通るとき | ①歩行者がいるときは徐行する。 徐行 | ②歩行者がいないときはそのまま通行できる。 |
| 停止中の路面電車のそばを通るとき | 後方で一時停止して待つ。 一時停止 | ただし、次の場合は徐行して進める。 ①安全地帯があるとき。 徐行 ／ ②安全地帯がなく乗降客がいないときで、路面電車との間に1.5メートル以上の間隔がとれるとき。 1.5メートル以上 徐行 |

### 暗記項目30 横断歩道や自転車横断帯に近づいたとき

| 1 | 明らかに横断する人などがいないときは、そのまま進める。 |
|---|---|
| 2 | 横断する人などがいるかいないか明らかでないときは、停止できるように速度を落として進む。 |
| 3 | 歩行者などが横断、または横断しようとしているときは、一時停止して道を譲る。 |
| 4 | 横断歩道や自転車横断帯の手前に停止車両があるときは、前方に出る前に一時停止して安全を確認する。 |
| 5 | 横断歩道のない交差点付近を歩行者が横断しているときは、その通行を妨げてはいけない。 |

| 1 | <u>1人</u>で歩いている子ども。 |
| 2 | 身体障害者用の<u>車いす</u>で通行している人。 |
| 3 | 白か黄色の<u>つえ</u>を持って歩いている人。 |
| 4 | <u>盲導犬</u>を連れて歩いている人。 |
| 5 | <u>通行に支障のある</u>高齢者など。 |

## 暗記項目32 車に表示する標識（マーク）の種類と意味

下記のマークを付けた車に対しては、車の側方に<u>幅寄せ</u>したり、前方に無理に<u>割り込ん</u><u>だり</u>してはいけない。

### 初心運転者標識（初心者マーク）

黄　緑

免許を受けて<u>1年未満</u>の人が、<u>自動車</u>を運転するときに付けるマーク。

### 高齢運転者標識（高齢者マーク）

オレンジ　黄緑

黄　緑

<u>70</u>歳以上の人が、<u>自動車</u>を運転するときに付けるマーク。

### 身体障害者標識（身体障害者マーク）

青

<u>身体</u>に障害がある人が、<u>自動車を運転する</u>ときに付けるマーク。

### 聴覚障害者標識（聴覚障害者マーク）

黄

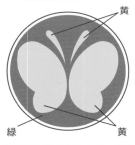

緑　黄

<u>聴覚</u>に障害がある人が、<u>自動車</u>を運転するときに付けるマーク。

### 仮免許練習標識（仮免許マーク）

# 仮免許
# 練習中

<u>運転の練習</u>をする人が自動車を運転するときに付けるマーク。

初心者マークを付けた普通自動車への<u>幅寄せ</u>や<u>割り込み</u>は、やむを得ない場合を除き禁止。

## 暗記項目33 緊急自動車の優先

| | | |
|---|---|---|
| **交差点付近<br>では** | 交差点を避け、道路の左側に寄って一時停止する。<br>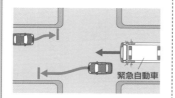 | 一方通行の道路で、左側に寄るとかえって緊急自動車の妨げとなるときは、右側に寄って一時停止する。<br>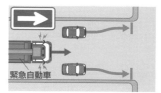 |
| **交差点付近<br>以外では** | 道路の左側に寄って緊急自動車に進路を譲る。<br>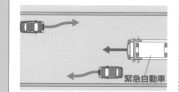 | 一方通行の道路で、左側に寄るとかえって緊急自動車の妨げとなるときは、右側に寄って進路を譲る。<br>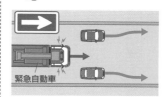 |

## 暗記項目34 路線バスなどの優先

| | | |
|---|---|---|
| **専用通行帯<br>では** | 小型特殊を除く自動車は、原則として専用通行帯を通行できない。<br>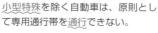 | 小型特殊自動車、原動機付自転車、軽車両は、専用通行帯を通行できる。<br> |
| **優先通行帯<br>では** | 小型特殊を除く自動車も通行できるが、路線バス等が接近してきたときは、他の通行帯に移らなければならない。<br> | 小型特殊自動車、原動機付自転車、軽車両は、優先通行帯を通行できる。<br>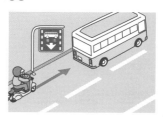 |

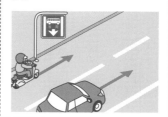

出題ジャンル

**5**

保護・優先

問題 | 正解・解説

**No.1**
歩行者のそばを通るときは、必ず徐行しなければならない。

**No.1** ✕
歩行者と安全な間隔をあけることができれば、徐行する必要はありません。

---

**No.2**
安全地帯のそばを通るときは、歩行者がいない場合も、徐行しなければならない。

**No.2** ✕
安全地帯に歩行者がいない場合は、そのまま通行することができます。

---

ひっかけ！

**No.3**
路面電車が停留所に停止していたが、安全地帯に乗降客がいなかったので、徐行しないでその側方を通過した。

**No.3** ✕
安全地帯のある停留所に路面電車が停止中の場合は、乗降客がいなくても徐行しなければなりません。

---

**No.4**
安全地帯のない停留所で停止している路面電車に乗り降りする人がいるときは、後方で停止して待たなければならない。

**No.4** ◯
安全地帯のない停留所に乗降客がいるときは、後方で停止して待たなければなりません。

---

**No.5**
交通整理の行われていない横断歩道の手前にトラックが停止していたので、徐行してトラックの側方を通過した。

**No.5** ✕
横断歩道の手前に車が停止しているときは、前方に出る前に一時停止して、横断者の安全を確かめます。

---

ひっかけ！

**No.6**
図1のマークを付けている車を追い越したり、追い抜いたりすることは禁止されている。

黄　緑

図1

**No.6** ✕
「初心者マーク」を付けた車の追い越しや追い抜きは、とくに禁止されていません。

---

**No.7**
図2は、70歳以上の高齢者が普通自動車を運転するときに表示するマークである。

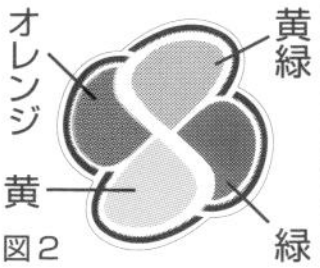

オレンジ　黄緑
黄　緑

図2

**No.7** ◯
図2は「高齢運転者標識（高齢者マーク）」で、70歳以上の人が普通自動車を運転するときに表示します。

---

勘違い！

**No.8**
横断歩道を横断する人がいないことが明らかな場合でも、横断歩道の直前では、いつでも停止できるような速度に減速して進むべきである。

**No.8** ✕
横断歩道を横断する人が明らかにいない場合は、減速する必要はなく、そのまま進行できます。

| No. | 問題 | 解答・解説 |
|---|---|---|
| **No.9** | 自転車が進路の前方の自転車横断帯を横断しようとしているときは、横断しているときと同じように一時停止しなければならない。 ここに注目！ | **No.9** ○ 横断しているときと同様に、その直前で一時停止して、自転車の横断を妨げてはいけません。 |
| **No.10** | 路線バス等優先通行帯を通行中の普通自動車は、後方から通学・通園バスが近づいてきても、他の通行帯に移る必要はない。 ここに注目！ | **No.10** ✕ 通学・通園バスは「路線バス等」に含まれるので、普通自動車は他の通行帯に移らなければなりません。 |
|  **No.11** | 通行に支障のある高齢者が歩いているときは、必ず一時停止して安全に通れるようにしなければならない。 ここに注目！ | **No.11** ✕ 必ず一時停止ではなく、徐行または一時停止をして、高齢者が安全に通れるようにします。 |
|  **No.12** | 原動機付自転車は路線バス等の専用通行帯を通行できるが、小型特殊を除く自動車は、右左折などの場合のほかは通行することができない。 ここに注目！ | **No.12** ○ 原動機付自転車、小型特殊自動車、軽車両以外の車は、原則として専用通行帯を通行できません。 |
| **No.13** | 普通免許を受けて1年を経過していない人は、普通自動車に初心者マークを表示して運転しなければならない。 ここに注目！ | **No.13** ○ 普通免許を受けて1年未満の人は、普通自動車を運転するときに初心者マークを付けます。 |
| **No.14** | 図3の通行帯を通行中の普通自動車は、路線バスが近づいてきたら、他の通行帯に出なければならない。 ここに注目！ 図3  | **No.14** ○ 普通自動車は、路線バスが近づいてきたら、「路線バス等優先通行帯」から出なければなりません。 |
| **No.15** | 交差点付近で緊急自動車が近づいてきたので、交差点に入るのを避け、左側に寄って一時停止した（一方通行の道路を除く）。 ここに注目！ | **No.15** ○ 交差点付近では、交差点を避け、道路の左側に寄って一時停止し、緊急自動車に進路を譲ります。 |
| **No.16** | 交差点やその付近以外の道路を通行中、後方から緊急自動車が接近してきたときは、一方通行の道路でも必ず道路の左側に寄って進路を譲らなければならない。 ここに注目！ | **No.16** ✕ 一方通行の道路で、左側に寄るとかえって緊急自動車の妨げになる場合は、右側に寄って進路を譲ります。 |

出題ジャンル **6**

重要度 ☆☆☆

ポイント & 対策

# 追い越し

このジャンルは、数字、原則と例外をきく問題が多く出されます。項目ごとにまとめて覚え、ひっかけ問題にも注意します。

## STEP 1 ここを押さえる！ 出題パターン攻略

### 出題パターン 1 数字の範囲をきく問題

**問** 横断歩道や自転車横断帯とその前後 30 メートル以内の場所は、追い越しが禁止されている。

**ここを見る！ ➡ 数字の前後をよく読む！**

**正解 ✕** 追い越しが禁止されているのは、横断歩道や自転車横断帯とその手前 30 メートル以内の場所です。

対策はこれだ！

### 出題パターン 2 原則と例外をきく問題

**問** トンネル内での追い越しは、車両通行帯がない場合は禁止されているが、車両通行帯がある場合は禁止されていない。

**ここを見る！ ➡ 例外がないかチェックする！**

**正解 ◯** 車両通行帯のあるトンネル内での追い越しは、とくに禁止されていません。

対策はこれだ！

暗記項目 **36** 暗記項目 **38**

### 出題パターン 3 言葉の意味をきく問題

**問** 前車が原動機付自転車を追い越そうとしているときに、その車を追い越すと二重追い越しになる。

**ここを見る！ ➡ 車の種類をチェックする！**

**正解 ✕** 二重追い越しとなるのは、前車が自動車（原動機付自転車は自動車には含まれない）を追い越そうとしているときに前車を追い越す行為です。

対策はこれだ！

暗記項目 **35** 暗記項目 **36**

### 暗記項目35 追い越しと追い抜きの違い

| 追い越し | 追い抜き |
|---|---|
| 進路を<u>変えて</u>、進行中の前車の前方に出ること。 | 進路を<u>変えずに</u>、進行中の前車の前方に出ること。 |

中央線

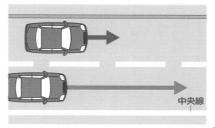

中央線

### 暗記項目36 追い越しが禁止されている場合

| | | |
|---|---|---|
| 1 | 前車が<u>自動車</u>（原動機付自転車ならOK）を追い越そうとしているとき（二重追い越し）。 | 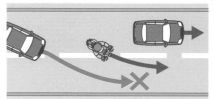 |
| 2 | 前車が右折などのため<u>右</u>側に進路を変えようとしているとき。 | |
| 3 | 右側部分に入って追い越しをすると、対向車の<u>進行を妨げる</u>ようなとき。 | |
| 4 | 前車の進行を妨げなければ、<u>左側部分</u>に戻ることができないようなとき。 | |
| 5 | 後続車が自分の車を<u>追い越</u>そうとしているとき。 | |

### 暗記項目37 追い越し禁止に関する標識・標示

| 「<u>追越し禁止</u>」の標識 | 「<u>追越しのための右側部分はみ出し通行禁止</u>」の標識・標示 |
|---|---|
| <br>追越し禁止 |  <br>黄 A B |
| 道路の右側部分にはみ出す、はみ出さないに関係なく、追い越しは<u>すべて禁止</u>されている。 | 道路の右側部分に<u>はみ出す</u>追い越しが禁止されている。右側の標示では、黄色の線が引かれた<u>A</u>を通行する車の<u>はみ出し追い越し</u>が禁止されている。 |

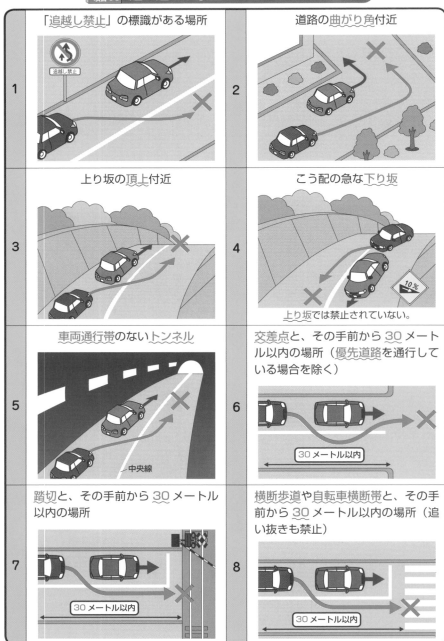

**暗記項目38　追い越しが禁止されている8つの場所**

1　「追越し禁止」の標識がある場所
追越し禁止

2　道路の曲がり角付近

3　上り坂の頂上付近

4　こう配の急な下り坂
10％
上り坂では禁止されていない。

5　車両通行帯のないトンネル
中央線

6　交差点と、その手前から30メートル以内の場所（優先道路を通行している場合を除く）
30メートル以内

7　踏切と、その手前から30メートル以内の場所
30メートル以内

8　横断歩道や自転車横断帯と、その手前から30メートル以内の場所（追い抜きも禁止）
30メートル以内

問題

正解・解説

**No.1**
後ろの車が自分の車を追い越そうとしているときは、前の車を追い越してはならない。

**No.1** ◯
後車が自分の車を追い越そうとしているときは、<u>追い越しをしてはいけません</u>。

**No.2**
追い越しをするときは加速しなければならないので、多少であれば定められた最高速度を超えてもよい。Qここに注目！

**No.2** ✕
追い越しをするときでも、定められた<u>最高速度を超えてはいけません</u>。

**No.3**
図1の標識は、「追越し禁止」を表している。Qここに注目！

図1

**No.3** ✕
図1は、「<u>追越しのための右側部分はみ出し通行禁止</u>」を表す標識です。

**No.4**
車が進路を変えずに走行中の前車の前方に出ることを「追い抜き」という。Qここに注目！

**No.4** ◯
走行中の前車の前方に出るとき、進路を変えるのが「<u>追い越し</u>」、進路を変えないのが「追い抜き」です。

**No.5**
追い越し禁止の場所でも、自転車であれば追い越しをしてもよい。Qここに注目！

**No.5** ◯
追い越し禁止の場所でも、<u>自転車であれば追い越しをすることができます</u>。

**No.6**
図2のような場所では、たとえ安全であってもA車はB車を追い越してはならない。ここに注目！

30メートル
図2

**No.6** ✕
A車は<u>優先道路を通行している</u>ので、交差点の手前<u>30メートル以内で追い越しができます</u>。

**No.7**
踏切とその手前から30メートル以内は、追い越し禁止の場所である。Qここに注目！

**No.7** ◯
踏切とその手前から<u>30メートル以内</u>は、追い越し禁止場所に指定されています。

**No.8**
ここに注目！Q
バスの停留所とその手前から30メートル以内は、追い越し禁止の場所である。

**No.8** ✕
バスの停留所とその手前から30メートル以内は、追い越し禁止場所に指定されていません。

出題ジャンル **6** 追い越し

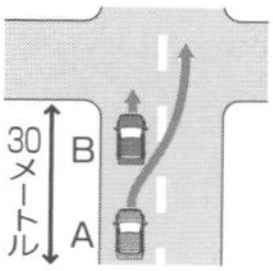

# 危険な場所

**ポイント & 対策**

このジャンルは、さまざまな状況での適切な運転方法をきく問題が多く出されます。ケースごとの安全な運転方法を考えます。

---

## STEP 1　ここを押さえる！　出題パターン攻略

### 出題パターン 1　状況による違いをきく問題

**問**　一方通行の道路の交差点を右折するときは、あらかじめできるだけ道路の中央に寄り、交差点の中心のすぐ内側を徐行して通行する。

**ここを見る！ ➡ 方法の違いをチェック！**

**正解 ✕**

一方通行路では、対向車が来ないので、あらかじめできるだけ道路の右端に寄り、交差点の内側を徐行しながら通行します。

**対策はこれだ！**
暗記項目 39　暗記項目 42
暗記項目 43　暗記項目 46

### 出題パターン 2　図の意味をきく問題

**問**　右の標識は、原動機付自転車が交差点で自動車と同じ方法で右折しなければならないことを表している。

**ここを見る！ ➡ 図のデザインで判断する！**

**正解 ◯**

図の標識は、二段階右折することを禁止する標識ですから、自動車と同じ小回りの方法で右折しなければなりません。

**対策はこれだ！**
暗記項目 40　暗記項目 41

### 出題パターン 3　方法の選択肢をきく問題

**問**　狭い坂道での行き違いは、近くに待避所があるときでも、下りの車が停止して上りの車に道を譲る。

**ここを見る！ ➡ すべて同じ方法かチェック！**

**正解 ✕**

待避所がある場合は、上り下りに関係なく、待避所のある側の車がそこに入って道を譲ります。

**対策はこれだ！**
暗記項目 40　暗記項目 41　暗記項目 42
暗記項目 43　暗記項目 46

### 暗記項目39　交差点の右左折の方法

| 左折の方法 | 右折の方法 | |
| --- | --- | --- |
| | 小回り右折 | 二段階右折 |
| あらかじめ道路の<u>左端</u>に寄り、交差点の側端に沿って<u>徐行</u>しながら通行する。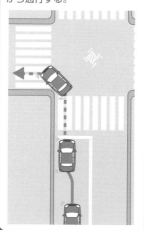 | あらかじめ道路の<u>中央</u>（一方通行路では<u>右端</u>）に寄り、交差点の中心のすぐ内側（一方通行路では<u>内側</u>）を徐行しながら通行する。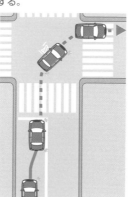 | あらかじめ道路の<u>左端</u>に寄り、交差点の向こう側まで進み、その地点で止まって<u>右</u>に向きを変えて停止し、前方の信号が<u>青</u>になってから進む。 |

出題ジャンル

**7**

危険な場所

### 暗記項目40　原動機付自転車が小回り右折しなければならない場合

| | | |
| --- | --- | --- |
| 1 | <u>交通整理</u>が行われていない道路の交差点。 | 小回り |
| 2 | <u>交通整理</u>が行われていて、片側<u>2</u>車線以下の道路の交差点。 |  |
| 3 | <u>交通整理</u>が行われていて、片側<u>3</u>車線以上で「<u>原動機付自転車の右折方法（小回り）</u>」の標識（右図）がある道路の交差点。 | |

### 暗記項目41　原動機付自転車が二段階右折しなければならない場合

| | | |
| --- | --- | --- |
| 1 | <u>交通整理</u>が行われていて、「<u>原動機付自転車の右折方法（二段階）</u>」の標識（右図）がある道路の交差点。 | 二段階 |
| 2 | <u>交通整理</u>が行われていて、片側<u>3</u>車線以上の道路の交差点。 |  |

## 暗記項目42 交通整理の行われていない交差点での優先関係

| 交差道路が優先道路のとき | 交差道路の道幅が広いとき |
|---|---|
| 徐行をして、優先道路を通行する車の進行を妨げてはいけない。 | 徐行をして、道幅が広い道路を通行する車の進行を妨げてはいけない。 |
| 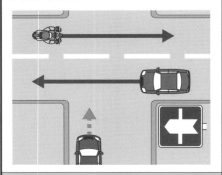 | 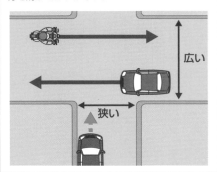 |
| 同じ道幅のとき | 同じ道幅で路面電車が進行してくるとき |
| 左方から進行してくる車の進行を妨げてはいけない。 | 右方・左方にかかわらず、路面電車の進行を妨げてはいけない。 |
| 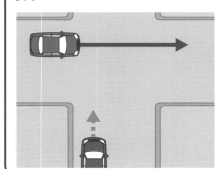 | 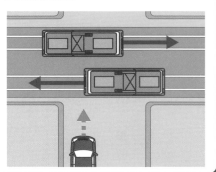 |

## 暗記項目43 踏切の通行方法

| | |
|---|---|
| 1 | 踏切の直前で一時停止し、目と耳で左右の安全を確かめる。信号機がある場合は、信号に従って通過できる（安全確認は必要）。 |
| 2 | 踏切の向こう側が混雑しているときは、踏切に進入してはいけない。 |
| 3 | エンスト防止のため、低速ギアのまま一気に通過する。 |
| 4 | 左側への落輪防止のため、踏切のやや中央寄りを通過する。 |
| 5 | 踏切内で故障したときは、車を踏切外へ移動する。移動できないときは、踏切支障報知装置（非常ボタン）を押すなどして列車の運転士に知らせる。 |

## 暗記項目44　坂道を通行するときのポイント

| | |
|---|---|
| 1 | 上り坂で前車に続いて停止するときは、前車が<u>後退</u>するおそれがあるので、<u>車間距離</u>を十分にあけて停止する。 |
| 2 | 長い下り坂を通行するときは、<u>エンジンブレーキ</u>を主に使用し、<u>フットブレーキ</u>は補助的に使用する。 |

車間距離を広く　　エンジンブレーキ

## 暗記項目45　カーブを通行するときのポイント

| | |
|---|---|
| 1 | あらかじめ<u>直線部分</u>で十分に減速し、カーブの後半から徐々に<u>加速</u>する。 |
| 2 | 遠心力はカーブの<u>外側</u>に飛び出そうとする力。速度の<u>二乗</u>に比例し、速度を2分の1にすれば、遠心力は<u>4分の1</u>に減る。 |

カーブの後半で徐々に加速

直線で減速

## 暗記項目46　行き違いのポイント

| | |
|---|---|
| 1 | 自車の前方に障害物があるときは、あらかじめ<u>一時停止</u>か減速をして、対向車に道を譲る。 |

| | |
|---|---|
| 2 | 片側に危険ながけがあるときは、<u>がけ</u>側の車が安全な場所で<u>一時停止</u>して、対向車に道を譲る。 |

| | |
|---|---|
| 3 | 狭い坂道で行き違うときは、<u>下り</u>の車が停止して、発進の難しい<u>上り</u>の車に道を譲る。 |

| | |
|---|---|
| 4 | 待避所があるときは、<u>上り</u>・<u>下り</u>に関係なく、<u>待避所のある</u>側の車がそこに入って道を譲る。 |

待避所

出題ジャンル

7

危険な場所

45

## 暗記項目47 高速道路の種類と本線車道の意味

| | | |
|---|---|---|
| 高速道路 | 高速自動車国道と自動車専用道路のことをいい、その入口には「自動車専用」の標識（右図）がある。 |  自動車専用 |
| 本線車道 | 高速道路で通常、高速走行する部分をいい、加速車線、減速車線、登坂車線、路側帯、路肩は含まれない。 | |

## 暗記項目48 高速道路を通行できない車

| 車の種類 高速道路の種類 | ミニカー | 小型二輪車 | 原動機付自転車 | 故障車をロープでけん引している車 | 小型特殊自動車 |
|---|---|---|---|---|---|
| 高速自動車国道 | ✕ | ✕ | ✕ | ✕ | ✕ |
| 自動車専用道路 | ✕ | ✕ | ✕ | ◯ | ◯ |

＊小型二輪車とは、総排気量 125cc 以下、定格出力 1.0 キロワット以下の原動機を有する普通自動二輪車のことをいう。

## 暗記項目49 高速自動車国道の本線車道での法定速度

| 法定最高速度 | 車の種類 | 法定最低速度 |
|---|---|---|
| 時速 **100** キロメートル | 大型・中型・準中型乗用自動車　中型・準中型貨物自動車（特定中型貨物自動車を除く）　大型・普通自動二輪車　普通自動車（三輪のもの、けん引自動車を除く）　＊特定中型貨物自動車とは、車両総重量 8,000 キログラム以上、または最大積載量 5,000 キログラム以上の中型貨物自動車のことをいう。 | 時速 **50** キロメートル |
| 時速 **80** キロメートル | 大型貨物自動車　特定中型貨物自動車　三輪の普通自動車　大型特殊自動車　けん引自動車 | |

＊本線車道が道路の構造上往復の方向別に分離されていない区間の最高速度は、一般道路と同じ。
＊自動車専用道路での最高速度は、一般道路と同じ。

## 暗記項目50 高速道路で禁止されていること

| | | |
|---|---|---|
| 1 | 駐停車（危険防止や故障などでやむを得ない場合を除く） | 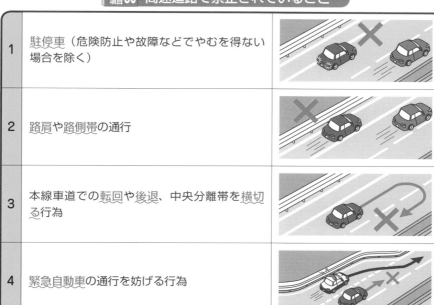 |
| 2 | 路肩や路側帯の通行 | |
| 3 | 本線車道での転回や後退、中央分離帯を横切る行為 | |
| 4 | 緊急自動車の通行を妨げる行為 | |

### 故障や燃料切れなどで、やむを得ず駐停車するとき

| | | |
|---|---|---|
| 1 | 十分な幅のある路肩や路側帯に車を止め、車内に残らず安全な場所に避難する |  |
| 2 | 自動車の後方の道路上に停止表示器材を置き、夜間はあわせて非常点滅表示灯などをつける |  |

## 暗記項目51 自動二輪車の二人乗りが禁止されているとき

| | | |
|---|---|---|
| 1 | 「大型自動二輪車及び普通自動二輪車二人乗り通行禁止」の標識（右図）があるとき |  |
| 2 | 高速道路の場合、年齢が20歳未満、または大型二輪免許や普通二輪免許を受けていた期間が3年未満の人 | |
| 3 | 運転者席以外に乗車用の座席がないもの | |

問題 | 正解・解説

**No.1**
内輪差とは、車が曲がるとき、前輪が後輪より内側を通ることによる軌跡の差をいう。
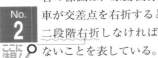

**No.1** ✕
車が曲がるとき、後輪は前輪より内側を通ります。その後輪と前輪の軌跡の差が「内輪差」です。

**No.2**
右の標識は、原動機付自転車が交差点を右折するとき、二段階右折しなければならないことを表している。

**No.2** ◯
図は「原動機付自転車の右折方法（二段階）」を表し、原動機付自転車は二段階右折しなければなりません。

**No.3**
車が交差点を左折するときは、あらかじめできるだけ道路の左端に寄り、交差点の側端に沿って徐行しなければならない。

**No.3** ◯
交差点を左折するときは、道路の左端に寄り、交差点の側端に沿って徐行しながら曲がります。

**No.4**
交差点で右折しようとするとき、先に交差点内に入っていれば、直進車よりも先に右折してよい。

**No.4** ✕
たとえ先に交差点に入っていても、右折車は直進車の進行を妨げてはいけません。

**No.5**
交差する道路が優先道路であったり、その幅が広かったりするときは、徐行などをして、交差する道路を通行する車の進行を妨げてはならない。

**No.5** ◯
優先道路や道幅の広い道路を通行する車の進行を妨げてはいけません。

**No.6**
高速道路の本線車道は通常、高速走行する走行車線のほかに、加速車線、減速車線、登坂車線も含まれる。

**No.6** ✕
本線車道は通常、高速走行する部分をいい、加速車線、減速車線、登坂車線は含まれません。

**No.7**
見通しのよい踏切を通過するときは、安全を確認すれば一時停止しなくてもよい。

**No.7** ✕
見通しのよい踏切でも一時停止をして、安全を確かめてから通過しなければなりません。

**No.8**
空気圧の低いタイヤで高速走行を続けると、タイヤに波の形が現れて破裂する危険があるので、空気圧はやや高めにするのがよい。

**No.8** ◯
高速走行するときは空気圧をやや高めにし、設問のような「スタンディングウェーブ現象」を防ぎます。

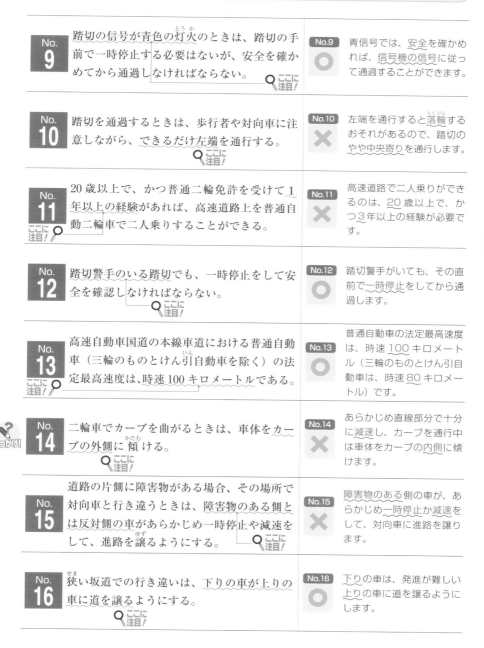

**No. 9** 踏切の信号が青色の灯火のときは、踏切の手前で一時停止する必要はないが、安全を確かめてから通過しなければならない。
ここに注目!

**No.9** ○ 青信号では、安全を確かめれば、信号機の信号に従って通過することができます。

**No. 10** 踏切を通過するときは、歩行者や対向車に注意しながら、できるだけ左端を通行する。
ここに注目!

**No.10** × 左端を通行すると落輪するおそれがあるので、踏切のやや中央寄りを通行します。

**No. 11** 20歳以上で、かつ普通二輪免許を受けて1年以上の経験があれば、高速道路上を普通自動二輪車で二人乗りすることができる。
ここに注目!

**No.11** × 高速道路で二人乗りができるのは、20歳以上で、かつ3年以上の経験が必要です。

**No. 12** 踏切警手のいる踏切でも、一時停止をして安全を確認しなければならない。
ここに注目!

**No.12** ○ 踏切警手がいても、その直前で一時停止をしてから通過します。

**No. 13** 高速自動車国道の本線車道における普通自動車（三輪のものとけん引自動車を除く）の法定最高速度は、時速100キロメートルである。
ここに注目!

**No.13** ○ 普通自動車の法定最高速度は、時速100キロメートル（三輪のものとけん引自動車は、時速80キロメートル）です。

ひっかけ! **No. 14** 二輪車でカーブを曲がるときは、車体をカーブの外側に傾ける。
ここに注目!

**No.14** × あらかじめ直線部分で十分に減速し、カーブを通行中は車体をカーブの内側に傾けます。

**No. 15** 道路の片側に障害物がある場合、その場所で対向車と行き違うときは、障害物のある側とは反対側の車があらかじめ一時停止や減速をして、進路を譲るようにする。
ここに注目!

**No.15** × 障害物のある側の車が、あらかじめ一時停止か減速をして、対向車に進路を譲ります。

**No. 16** 狭い坂道での行き違いは、下りの車が上りの車に道を譲るようにする。
ここに注目!

**No.16** ○ 下りの車は、発進が難しい上りの車に道を譲るようにします。

出題ジャンル **7** 危険な場所

49

# 駐停車

ポイント＆対策

このジャンルは、言葉の意味、禁止場所、方法をきく問題が大半を占めます。範囲が限られた場所は、その数字を確実に覚えます。

**STEP 1**　ここを押さえる！　**出題パターン攻略**

### 出題パターン **1**　数字が合っているかをきく問題

問　交差点とその端から 10 メートル以内の場所は、駐車も停車も禁止されている。

**ここを見る！** ➡ **項目ごとに暗記した数字をチェック！**

正解 ✕　駐停車が禁止されているのは、交差点とその端から5メートル以内の場所です。

対策はこれだ！

暗記項目 53　暗記項目 54
暗記項目 55　暗記項目 56

### 出題パターン **2**　駐車禁止か駐停車禁止かをきく問題

問　道路工事区域の端から5メートル以内の場所では、駐車は禁止されているが停車は禁止されていない。

**ここを見る！** ➡ **どちらに該当するかをチェック！**

正解 ◯　道路工事区域の端から5メートル以内は駐車禁止場所なので、駐車は禁止ですが、停車はできます。

対策はこれだ！

暗記項目 52　暗記項目 53
暗記項目 54

### 出題パターン **3**　用語の意味をきく問題

問　歩道と車道の区別のある道路で駐停車するときは、道路の左端に沿って車を止める。

**ここを見る！** ➡ **用語の意味を間違えなければOK！**

正解 ✕　歩道も道路に含まれることをきちんと理解しましょう。道路の左端ではなく、車道の左端に沿って車を止めます。

対策はこれだ！

暗記項目 52　暗記項目 56

## STEP 2　これだけ覚える！　交通ルール 暗記項目

### 暗記項目52　駐車と停車の違い

| 「駐車」とは | 1 | 客待ち、荷待ちによる停止。 |
|---|---|---|
| | 2 | 5分を超える荷物の積みおろしのための停止や、故障による停止。 |
| | 3 | 運転者が車から離れていて、すぐに運転できない状態での停止。 |
| 「停車」とは | 1 | 人の乗り降りのための停止。 |
| | 2 | 5分以内の荷物の積みおろしのための停止。 |
| | 3 | 運転者がすぐに運転できる状態での停止。 |

### 暗記項目53　駐車が禁止されている場所

| 1 | 「駐車禁止」の標識や標示（右図）がある場所。 |
|---|---|
| 2 | 火災報知機から1メートル以内の場所。 |
| 3 | 駐車場や車庫などの出入口から3メートル以内の場所。 |
| 4 | 道路工事の区域の端から5メートル以内の場所。 |
| 5 | 消防用機械器具の置場、消防用防火水槽、これらの道路に接する出入口から5メートル以内の場所。 |
| 6 | 消火栓、指定消防水利の標識が設けられている位置や、消防用防火水槽の取入口から5メートル以内の場所。 |

駐車禁止の標識

駐車禁止の標示

黄

### 暗記項目54　駐停車が禁止されている場所

| 1 | 「駐停車禁止」の標識や標示（右図）がある場所。 |
|---|---|
| 2 | 軌道敷内。 |
| 3 | 坂の頂上付近やこう配の急な坂。 |
| 4 | トンネル内。 |
| 5 | 交差点と、その端から5メートル以内の場所。 |
| 6 | 道路の曲がり角から5メートル以内の場所。 |
| 7 | 横断歩道や自転車横断帯と、その前後5メートル以内の場所。 |
| 8 | 踏切と、その端から10メートル以内の場所。 |
| 9 | 安全地帯の左側と、その前後10メートル以内の場所。 |
| 10 | バスや路面電車の停留所(柱)から10メートル以内の場所(運行時間中に限る)。 |

駐停車禁止の標識

駐停車禁止の標示

黄

## 暗記項目55　駐車余地の原則と例外

| 無余地駐車の禁止 | 1 | 車の右側に 3.5 メートル以上の余地がない場所には駐車してはいけない。 |
| | 2 | 標識で駐車余地が指定されている場合（右図）は、車の右側にそれ以上の余地をあける。 |
| 無余地駐車の例外 | 1 | 荷物の積みおろしを行う場合で、運転者がすぐに運転できるときは駐車できる。 |
| | 2 | 傷病者の救護のためやむを得ないときは駐車できる。 |

駐車余地6メートル

**駐車余地6m**

## 暗記項目56　駐停車の方法

**歩道や路側帯のない道路では**

道路の左端に沿う。

**歩道のある道路では**

車道の左端に沿う。

**0.75 メートル以下の路側帯のある道路では**

0.75 メートル以下

車道の左端に沿う。

**0.75 メートルを超える白線1本の路側帯のある道路では**

0.75 メートル以上

0.75 メートルを超える

路側帯に入り、0.75 メートル以上の余地をあける。

**2本の線で示される路側帯のある道路では**

× ○　× ○

左の「駐停車禁止路側帯」、右の「歩行者用路側帯」ともに、路側帯に入らずに車道の左端に沿う。

## 暗記項目57 違法駐車などの処置

違法に駐車している車に対しては、「放置車両確認標章」が取り付けられることがある。この標章を取り付けられた車の使用者などは、公安委員会から放置違反金の納付を命ぜられることがある。

| 放置車両確認標章を取り付けられたら | ①この標章を取り付けられた車の使用者、運転者やその車の管理について責任がある人は、これを取り除くことができる。<br>②上記以外の人は、破いたり、汚したり、取り除いたりしてはいけない。<br>③運転するときは、事故防止のため、この標章を取り除く。 |
| --- | --- |

## 暗記項目58 車から離れるとき

| 危険防止措置 | エンジンを止め、ハンドブレーキをかける。 |
| --- | --- |
| | ギアは、平地や下り坂では「バック」、上り坂では「ロー」に入れる。オートマチック車は、チェンジレバーを「P」に入れる。 |
| | 坂道では輪止めをする。 |
| 盗難防止措置 | エンジンを止め、エンジンキーを携帯する。 |
| | 窓を閉めてドアロックをする。 |
| | 盗難防止装置のある車はそれを作動させ、貴重品は車から持ち出して施錠する。 |

平地・下り坂 バック
上り坂 ロー
オートマチック車 P AT車

エンジンキー ドアロック

## 暗記項目59 自動車の保管場所

| 1 | 自動車の保有者は、自宅など使用の本拠の位置から2キロメートル以内の道路以外の場所に、保管場所を確保しなければならない（特定の村の区域内を除く）。 |
| --- | --- |
| 2 | 道路上に駐車する場合、同じ場所に引き続き12時間（夜間は8時間）以上駐車してはいけない（特定の村の区域内の道路を除く）。 |

| 問題 | 正解・解説 |
|---|---|
| **No.1** 駐車とは、車が継続的に停止することや、運転者が車から離れていてすぐに運転できない状態で停止することをいう。 ここに注目！ | **No.1** ⃝ 客待ちや荷待ち、5分を超える荷物の積みおろしのための停止は、駐車になります。 |
| **No.2** 駐車禁止の場所であっても、荷物の積みおろしの場合は、時間に関係なく車を止めることができる。 ここに注目！ | **No.2** ✕ 駐車禁止の場所に止められるのは、荷物の積みおろしのための5分以内の停止です。 |
| ここに注目！ **No.3** 友人を待つためであれば、図1の標識のある場所に車を止めてよい。 図1 | **No.3** ✕ 図1の標識は「駐車禁止」を表します。人待ちは時間に関係なく駐車になり、車を止めることはできません。 |
| **No.4** バスや路面電車の停留所の標示板（柱）から10メートル以内は駐停車禁止場所だが、運行時間外であれば車を止めることができる。 ここに注目！ | **No.4** ⃝ バスなどの運行時間外は規制の対象外なので、駐停車することができます。 |
| **No.5** 幅が0.75メートル以下の路側帯のある道路で駐停車するときは、車道の左端に沿って止めなければならない。 ここに注目！ | **No.5** ⃝ 幅が0.75メートル以下の路側帯のある道路では、路側帯には入らずに、車道の左端に沿って止めます。 |
| **No.6** 消防用機械器具の置場、消防用防火水槽、これらの道路に接する出入口から5メートル以内の場所は、駐車も停車もしてはならない。 ここに注目！ | **No.6** ✕ 設問の場所は駐車禁止なので、駐車はできませんが、停車をすることはできます。 |
| **No.7** 荷物の積みおろしのために、運転者がすぐに運転できるときは、車の右側の道路上に3.5メートル以上の余地がなくても、駐車することができる。 ここに注目！ | **No.7** ⃝ 設問の場合と、傷病者の救護のためやむを得ない場合は、余地がなくても駐車することができます。 |
| **No.8** 駐車禁止の場所であっても、図2の標識のあるところでは駐車してもよい。 図2 | **No.8** ⃝ 図2の標識は「駐車可」を表し、駐車禁止場所であっても駐車することができます。 |

ここに注目! を要チェック！ 問題文の正誤を判断できるのがこの波線部だ。問題文を読んだらすぐにここに目がいくようトレーニングしていこう。

**No. 9**
故障による車の停止は、継続的な車の停止になるので、駐車に該当する。 ここに注目!

**No.9** ○
故障による車の停止は駐車になるので、駐車禁止場所に止めてはいけません。

ひっかけ!

**No. 10**
交差点やその端から10メートル以内は、駐停車禁止場所に指定されている。 ここに注目!

**No.10** ×
交差点付近の駐停車禁止場所は、交差点とその端から5メートル以内です。

**No. 11**
自宅の車庫であれば、その直前に駐車しても違反ではない。 ここに注目!

**No.11** ×
たとえ自宅の車庫でも、3メートル以内に駐車をすれば違反になります。

勘違い!

**No. 12**
トンネル内は、車両通行帯がある場合でも、駐車や停車をしてはならない。 ここに注目!

**No.12** ○
車両通行帯の有無にかかわらず、トンネル内は駐停車禁止場所に指定されています。

**No. 13**
図3の路側帯のある道路に駐車するときは、車道の左端に沿わなければならない。 ここに注目!

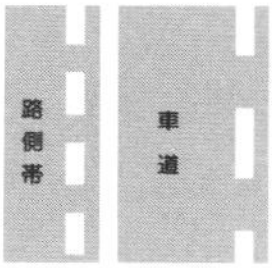

図3

**No.13** ○
白の破線と実線は「駐停車禁止路側帯」を表し、中に入らず、車道の左端に沿って駐車しなければなりません。

**No. 14**
違法駐車をして「放置車両確認標章」を取り付けられたときは、運転者自身で標章を取り除いて運転してはならない。 ここに注目!

**No.14** ×
「放置車両確認標章」は交通事故防止のため、運転者などが取り除いて運転することができます。

**No. 15**
オートマチック車から離れるときは、チェンジレバーを「N」または「P」の位置に入れるのがよい。 ここに注目!

**No.15** ×
オートマチック車から離れるときは、チェンジレバーを「P」の位置に入れなければなりません。

**No. 16**
自動車の保有者は、自宅などから5キロメートル以内の道路以外の場所に、自動車の保管場所を確保しなければならない。 ここに注目!

**No.16** ×
自動車の保管場所は、自宅などから2キロメートル以内の道路以外の場所に確保します。

重要度　☆☆☆

ポイント＆対策

# 悪条件

> このジャンルは、常識的な内容と手順をきく問題が多く出されます。項目ごとに順を追って覚えておき、問題文をよく読んで解答します。

---

## STEP1　ここを押さえる！　出題パターン攻略

### 出題パターン 1　常識的な内容をきく問題

**問**　夜間、見通しの悪い交差点やカーブなどの手前では、前照灯（ぜんしょうとう）を上向きにするか点滅させて、他の車や歩行者に自車の接近を知らせるようにする。

**ここを見る！** ➡ "安全第一"で考えればOK！

正解 **○**　前照灯を上向きにするか点滅させて、他の車や歩行者に自車の接近を知らせます。

対策はこれだ！
暗記項目 60　暗記項目 61
暗記項目 62　暗記項目 63

### 出題パターン 2　手順をきく問題

**問**　交通事故が起きた場合、警察官が到着するまで、事故現場はそのままにしておかなければならない。

**ここを見る！** ➡ 順を追って考えればOK！

正解 **×**　車を移動して続発（ぞくはつ）事故の防止に努めたり、負傷者がいる場合はできる限りの応急救護（きゅうごしょ）処置をしたりします。

対策はこれだ！
暗記項目 62　暗記項目 63

### 出題パターン 3　状況（じょうきょう）に応じた操作（そうさ）をきく問題

**問**　後輪が横滑（すべ）りを始めたときは、ブレーキをかけないで、後輪の滑る方向にハンドルを切って車の向きを立て直す。

**ここを見る！** ➡ 状況を考えれば大丈夫！

正解 **○**　後輪が滑った方向にハンドルを切って、車の向きを立て直します。たとえば、後輪が右に滑ると車体は左を向くので、ハンドルを右に切ります。

対策はこれだ！
暗記項目 60　暗記項目 61
暗記項目 62

### 暗記項目60　夜間の運転と灯火のルール

| | | | |
|---|---|---|---|
| 灯火（前照灯や尾灯など）をつけるとき | 1 | 夜間（日没から日の出まで）、道路を通行するとき。 | |
| | 2 | 昼間でも50メートル（高速道路では200メートル）先が見えない状況のとき。 | |
| 灯火のルールと注意点 | 1 | 前照灯は上向きが基本だが、交通量の多い市街地などでは、前照灯を下向きに切り替えて走行する。 | |
| | 2 | 対向車と行き違うときや前車の直後を走行するときは、前照灯を減光するか下向きに切り替える。 | |
| | 3 | 見通しの悪い交差点では、前照灯を上向きにするか点滅させて自車の接近を知らせる。 | |
| | 4 | 対向車のライトを直視しない。ライトがまぶしいときは、視線をやや左前方に移す。 | |
| | 5 | 対向車と自車のライトの間に歩行者が入ると、一時的に見えなくなる「蒸発現象」が起こることがあるので注意する。 | |

### 暗記項目61　悪天候時の運転

| | |
|---|---|
| 雨の日の運転 | 路面が滑りやすく危険なので、速度を落とし、慎重に運転する。 |
| 雪の日の運転 | できるだけ運転しない。やむを得ず運転するときは、積雪の上の走行を避け、タイヤの通った跡（わだち）を走行する。 |
| 風の強い日の運転 | 速度を落とし、ハンドルをしっかり握って走行する。とくに、トンネルの出口付近や橋の上では注意する。 |
| 霧が発生したときの運転 | 山道などではとくに視界が悪くなるので、速度を落とし、センターラインやガードレールを目安にして走行する。霧灯または前照灯を下向きにつけ、必要に応じて警音器を使用する。 |

## エンジンの回転数が上がったままになったとき

①ギアをニュートラルに入れる。
②ブレーキをかけて速度を落とす。
③ゆるやかにハンドルを切って、道路の左側に車を止める。

## 走行中、タイヤがパンクしたとき

①あわてずにハンドルをしっかり握り、車体をまっすぐに保つ。
②アクセルを戻し、ブレーキを断続的にかけて速度を落とす。
③道路の左側に寄って停止する。

## 下り坂でブレーキが効かなくなったとき

①すばやく減速チェンジをしてハンドブレーキを引く。
②それでも停止しないときは、山側に車体の側面を接触させる
　か、道路わきの土砂などに突っ込んで止める。

## 後輪が横滑りを始めたとき

①アクセルを戻して速度を落とす。
②後輪が滑った方向にハンドルを切って、車の向きを立て直す。

## 大地震が発生したとき

①急ハンドルや急ブレーキを避け、安全な方法で車を停止させる。
②地震情報や交通情報を聞き、周囲の状況に応じて行動する。
③やむを得ず道路上に車を置いて避難するときは、エンジンを止
　め、窓を閉め、エンジンキーを付けたままにするか運転席など
　に置き、ドアロックはしない。

| ①事故の続発防止措置 | ②負傷者の救護 | ③警察官への事故報告 |
|---|---|---|
| 二重事故が起きないように、安全な場所に車を移動する。 | 負傷者がいる場合は救急車を呼び、可能な応急救護処置を行う（頭部を負傷している場合は、むやみに動かさない）。 | 発生場所、負傷者の有無、損壊の程度などを警察官に報告する。 |
|  | |  |

| 問題 | 正解・解説 |
|---|---|

**No.1** ひっかけ！

夜間は道路の交通量が少ないので、昼間より速度を上げて運転するのがよい。
　ここに注目！

**No.1** ✕

夜間は周囲が暗いので、交通量が少なくても、昼間より速度を落として走行します。

**No.2**

夜間、対向車と行き違うときは、双方（そうほう）のライトで道路の中央付近の歩行者が見えにくくなることがある。
　ここに注目！

**No.2** ○

夜間は、双方のライトで道路の中央付近の歩行者が見えにくくなる「蒸発現象（じょうはつ）」が起こることがあります。

**No.3**

霧は視界をきわめて狭（せま）くするので、昼間でも前照灯（ぜんしょうとう）や霧灯（むとう）などを早めに点灯し、必要に応じて警音器（けいおんき）を鳴らすとよい。
ここに注目！

**No.3** ○

霧が発生したら、ライトを早めに点灯し、必要に応じて警音器を使用します。

**No.4**

二輪車でぬかるみを走行するときは、その手前で速度を上げて、一気に通り抜けるようにする。
ここに注目！

**No.4** ✕

ぬかるみの手前で速度を落とし、一定の速度を保って通過します。

**No.5** ひっかけ！

走行中にタイヤがパンクしたときは、急ブレーキをかけてでも、一刻も早く車を止めることを考える。
ここに注目！

**No.5** ✕

アクセルを戻し、ブレーキを断続的にかけて速度を落とし、道路の左側に寄って停止します。

**No.6** 勘違い！

大地震が発生して避難（ひなん）するときは、できるだけ車を利用して、遠くの安全な場所に移動する。
ここに注目！

**No.6** ✕

避難のために車を使用すると道路が混乱するので、やむを得ない場合を除き、車で避難してはいけません。

**No.7**

負傷者の救護（きゅうご）の心得として、出血が多いときは止血（しけつ）をし、頭部に傷を受けているときは、むやみに動かさないことが大切である。
ここに注目！

**No.7** ○

止血など、できる範囲の応急救護処置（おう）を行い、頭部を負傷している人はむやみに動かさないようにします。

**No.8** 勘違い！

交通事故を起こしても、相手のけがが軽く話し合いがつけば、警察官に届ける必要はない。
ここに注目！

**No.8** ✕

交通事故を起こしたら、けがの程度や相手との話し合いに関係なく、警察官へ届け出る必要があります。

出題ジャンル

**9**

悪条件

# 危険予測
## （イラスト問題）

重要度　★★☆

ポイント & 対策

イラストを見て、危険を回避するための運転をしているか、安全な方法で運転しているかを考えます。イラストと問題をよく見ることが大切です。

## STEP 1　ここを押さえる！　出題パターン攻略

問　下のイラストを見て、どんな危険があるか予測してみましょう（答えは右ページ）。

### イラスト問題の解き方

| ①認知 | ②判断 | ③操作 |
|---|---|---|
| イラストをよく見て、どんな危険が潜んでいるかを考えてみる。 | 危険と思われる状況を予測して、どう行動すれば安全かを判断する。 | ブレーキやハンドルなどを操作して、より安全な運転行動をとる。 |
|  |  |  |

**こんな危険が潜んでいる**

**予測 1**

バスが急に発進するかもしれない。

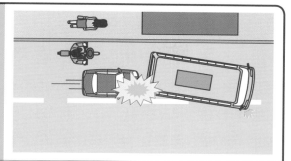

**予測 2**

対向車が接近してくるかもしれない。

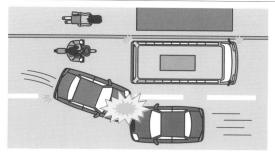

**予測 3**

自転車が進路の前方に出てくるかもしれない。

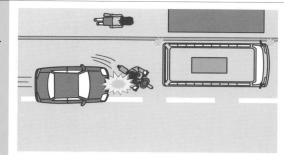

**予測 4**

急ブレーキをかけると後続車に追突されるかもしれない。

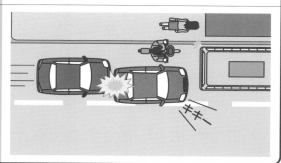

出題ジャンル

**10 危険予測（イラスト問題）**

No.
1
交差点を右折しようとしたら、バスが止まってくれました。どのようなことに注意して運転しますか？

| | |
|---|---|
| （1） バスがせっかく進路を譲ってくれたので、ただ□□ちに右折する。 ここに注目! | (1)解答 ✕ バスが進路を譲ってくれたとしても、安全を確かめなければなりません。 |
| ここに注目! （2） バスのかげから二輪車や自転車が直進してくる□□かもしれないので、十分に安全を確かめる。 | (2)解答 ○ 二輪車や自転車が直進してくるおそれがあるので、十分に安全を確認します。 |
| （3） 歩行者が横断歩道を渡るかもしれないので、十□□分に安全を確かめる。 ここに注目! | (3)解答 ○ 歩行者が横断歩道を渡るおそれがあるので、十分に安全を確認します。 |

**こんな危険に注意！**

（2）バスのかげから二輪車が直進！

（3）横断歩道の歩行者と接触！

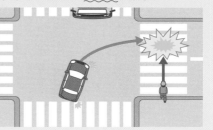

**ここに注目！** **を要チェック！** 問題文の正誤を判断できるのがこの波線部だ。問題文を読んだらすぐにここに目がいくようトレーニングしていこう。

**No. 2** 交差点を左折するときは、どのようなことに注意して運転しますか？

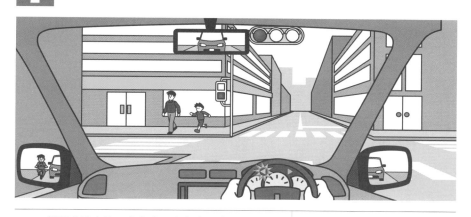

(1) 横断歩道を渡ろうとする歩行者は自車の存在に気づいていると思われるので、横断する前にすばやく左折する。 **ここに注目！**

 **(1)解答** ✕ 歩行者は自車の存在に気づかずに、横断歩道を渡るおそれがあります。

(2) 歩行者は横断歩道を横断すると思われるので、急ブレーキをかけて横断歩道の手前で停止する。 **ここに注目！**

 **(2)解答** ✕ 急ブレーキをかけると、後続車に追突されるおそれがあります。

(3) 左折するとき、左側の自転車を巻き込むおそれがあるので、巻き込まないようにあらかじめ道路の左側に寄る。 **ここに注目！**

 **(3)解答** ◯ 自転車を巻き込まないようにするため、あらかじめ道路の左側に寄ります。

**こんな危険に注意！**

（2）急停止して後続車が追突！

（3）左折したときに自転車と接触！

出題ジャンル **10** 危険予測（イラスト問題）

# 数字の暗記項目

 ポイント＆対策

数字に関する交通ルールは、数多くあります。正しく覚えていないと正解することができないので、数字ごとにまとめて覚えましょう。

## STEP 1　これだけ覚える！　数字のルール暗記項目

| | | |
|---|---|---|
| **0.15** | 左右 0.15 メートル以下 | 大型・普通自動二輪車、原動機付自転車の荷台から左右にはみ出して積載できる荷物の幅の制限。 |
| **0.3** | 0.3 メートル以下 | 大型・普通自動二輪車、原動機付自転車の荷台から後ろにはみ出して積載できる荷物の長さの制限。 |
| **0.5** | 路端から 0.5 メートル | 路肩部分で、二輪を除く自動車は通行禁止。 |
| **0.75** | 0.75 メートル以上の余地 | 白線 1 本の幅が広い路側帯で、車の左側にとらなければならない余地。 |
| **1** | 火災報知機から 1 メートル以内 | 駐車禁止場所。 |
| | 1 人 | 原動機付自転車の乗車定員。 |
| **1.5** | 1.5 メートル以上の間隔 | 安全地帯のない停留所に路面電車が停止していて、乗降客がいないときに、徐行して進行できる場合の路面電車との間隔。 |
| **2** | 地上から 2 メートル以下 | 大型・普通自動二輪車、小型特殊自動車、原動機付自転車に積載できる荷物の高さの制限。 |
| **3** | 約 3 秒前 | 進路を変えようとするときの合図の時期。 |
| | 駐車場、車庫などの自動車用の出入口から 3 メートル以内 | 駐車禁止場所。 |

| | | |
|---|---|---|
| **3.5** | 3.5 メートル以上の余地 | 車を駐車したとき、道路の右側部分に必要な余地（余地がとれない場合は、原則として駐車禁止）。 |
| **5** | 交差点、横断歩道や自転車横断帯とその端、道路の曲がり角から5メートル以内 | 駐停車禁止場所。 |
| | 道路工事の区域の端、消防用機械器具の置場など、消火栓などから5メートル以内 | 駐車禁止場所。 |
| **6** | 片側6メートル以上の道路 | 道路の右側部分にはみ出す追い越しが禁止。 |
| **8** | 8時間以上 | 夜間、同じ場所に引き続き車を止めてはいけない時間（特定の村の区域内を除く）。 |
| **10** | 踏切、安全地帯の左側とその前後、バス・路面電車の停留所の標示板（柱）から10メートル以内 | 駐停車禁止場所。 |
| **12** | 12時間以上 | 昼間、同じ場所に引き続き車を止めてはいけない時間（特定の村の区域内を除く）。 |
| **30** | 時速30キロメートル | 原動機付自転車の法定速度。 |
| | 交差点（優先道路を除く）、踏切、横断歩道や自転車横断帯とその手前から30メートル以内 | 追い越し禁止場所。 |
| | 30メートル手前の地点 | 右折、左折、転回するときの合図の地点。 |
| | 30キログラム以下 | 原動機付自転車に積載できる重量。 |
| **50** | 50メートル先が見えないとき | 一般道路で、昼間でもライトをつけて運転する場合（トンネル内や霧の中など）。 |
| | 時速50キロメートル | 高速自動車国道の本線車道での法定最低速度。 |
| **60** | 60キログラム以下 | 大型・普通自動二輪車に積載できる重量。 |
| | 時速60キロメートル | 一般道路での自動車の法定速度。 |
| **70** | 70歳以上の高齢運転者 | 普通自動車を運転するときに高齢者マークを付ける年齢。 |
| **80** | 時速80キロメートル | 高速自動車国道の本線車道での大型貨物自動車などの法定最高速度。 |
| **100** | 時速100キロメートル | 高速自動車国道の本線車道での大型乗用自動車、自動二輪車などの法定最高速度。 |
| **700** | 700キログラム以下 | 小型特殊自動車に積載できる重量。 |

ジャンル

外

数字の暗記項目

問題 | 正解・解説

**No. 1**
道路上に駐車する場合、夜間は同じ場所に引き続き 12 時間以上、自動車を止めてはならない。

**No.1** ✕
夜間は 8 時間以上、昼間は 12 時間以上、同じ場所に引き続き駐車してはいけません（一部の区域を除く）。

**No. 2**
右折や左折をするときは、右折や左折をしようとする約 3 秒前に合図をしなければならない。

**No.2** ✕
右折や左折をしようとする 30 メートル手前の地点で合図を行います。

**No. 3**
駐車場や車庫など自動車用の出入口から 5 メートル以内の場所では、駐車が禁止されている。

**No.3** ✕
駐車が禁止されているのは、自動車用の出入口から 3 メートル以内の場所です。

**No. 4**
白線 1 本の、幅が 0.75 メートルを超える路側帯のある場所に駐停車するときは、路側帯の中に入り、車の左側に 0.75 メートル以上の余地をあけなければならない。

**No.4** ◯
設問のような路側帯では、路側帯の中に入り、0.75 メートル以上の余地をとって駐停車します。

**No. 5**
自動二輪車の荷台に荷物を積むときは、荷台の幅から左右にそれぞれ 0.3 メートルまで、はみ出すことができる。

**No.5** ✕
自動二輪車は、荷台の幅＋左右にそれぞれ 0.15 メートルまでしか、荷物を積むことができません。

**No. 6**
路面電車が停留所に停止しているとき、安全地帯がなく乗り降りする人がいない場合は、路面電車との間に 1.5 メートル以上の間隔がとれれば、徐行して進むことができる。

**No.6** ◯
乗り降りする人がなく、路面電車と 1.5 メートル以上の間隔がとれるときは、徐行して進めます。

**No. 7**
高速自動車国道の本線車道での大型自動車の法定最高速度は、乗用・貨物ともに時速 100 キロメートルである。

**No.7** ✕
大型乗用自動車は時速 100 キロメートルですが、大型貨物自動車の法定最高速度は時速 80 キロメートルです。

**No. 8**
火災報知機から 3 メートル以内の場所は、駐車が禁止されている。

**No.8** ✕
駐車が禁止されているのは、火災報知機から 1 メートル以内の場所です。

# PART 2

# 普通免許
# 本試験
# 模擬テスト

間違えたらルールに戻って再チェック！

解説には PART 1 の STEP 2「交通ルール暗記項目」の参照ページを掲載しているので、間違えた部分は PART 1 に戻って復習しよう！

間違えた問題は PART 1 の STEP 3「出題ジャンル別・練習問題」を解けば、効果的に苦手ジャンルを攻略できる！

問1〜95を読み、正しいものは「○」、誤っているものは「×」と答えなさい。配点は問1〜90が各1点、問91〜95が各2点（3問とも正解の場合）。

制限時間 **50分**

合格点 **90点以上**

---

**問1** 長距離運転をするときは、細かく計画を立てるのではなく、そのときの状況に応じて判断し、むだのない走行をすることが大切である。

---

**問2** 高速道路を走行中、荷物が転落したため、その物を除去する必要があるときは、非常電話を利用して荷物の除去を依頼する。

---

**問3** 同一方向に3つ以上の車両通行帯があるときは、最も右側の車両通行帯は追い越しなどのためにあけておく。

---

**問4** 図1の点滅信号に対面した車は、必ず徐行して交差点の安全を確認しなければならない。

図1

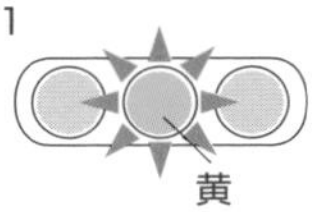

黄

---

**問5** 高速道路を走行中は、左側の白線を目安にして、車両通行帯のやや左寄りを通行すると、後方の車が追い越す場合に十分な間隔がとれ、接触事故の防止に役立つ。

---

**問6** 安全にカーブを曲がるためには、カーブの途中で減速するよりも、その手前の直線部分で十分速度を落とすのがよい。

---

**問7** 故障車をロープやクレーンでけん引するときは、けん引免許は必要ない。

---

**問8** 雨の日の急加速や急ハンドル、急ブレーキは、横滑りや横転を起こしやすいので避けるべきである。

---

**問9** 運転者の目をくらませるような光を道路に向けてはならない。

---

**問10** 前車を追い越そうとするとき、前車が右折するため道路の中央に寄って通行している場合は、その左側を通行しなければならない。

---

68

を右ページに当て、解いていこう。重要語句もチェック！

| 正解 | ポイント解説 | |
|---|---|---|

**問1**
長距離運転するときは、事前に運転計画を立てる必要があります。
ここで覚える！

**問2**
運転者自身で除去するのは危険なので、安全のため、非常電話を利用して除去を依頼します。
ここで覚える！

**問3**
最も右側の通行帯は追い越しなどのためにあけておき、それ以外の通行帯を速度に応じて通行します。
P.29 暗記項目 24

**問4**
黄色の点滅信号では、必ずしも徐行する必要はなく、他の交通に注意して進むことができます。
P.19 暗記項目 16

**問5**
高速道路を走行するときは、左側の白線を目安にして、左側に寄って通行します。
ここで覚える！

**問6**
カーブの手前の直線部分で十分減速してからカーブに入るのが、安全な方法です。
P.45 暗記項目 45

**問7**
設問のような場合や、総重量750キログラム以下の車をけん引する場合は、けん引免許は必要ありません。
P.10 暗記項目 4

**問8**
雨の日の路面は滑りやすくなるので、設問のような行為をしないように、十分注意して走行します。
ここで覚える！

**問9**
運転の妨げになるので、強い光を道路に向けてはいけません。
ここで覚える！

**問10**
前車が道路の中央に寄っているときに追い越しをする場合は、その左側を通行します。
ここで覚える！

---

 重要交通ルール解説

## 車が通行するところ

### ❶歩道・路側帯と車道の区分がある道路

車道

車は、車道を通行する。

### ❷中央線がない道路、ある道路

左側

中央線

車は、中央線がないときは道路の中央から左の部分を通行し、中央線があるときは中央線から左の部分を通行する。

### ❸片側2車線の道路

左側

中央線

車両通行帯境界線

車は、右側の通行帯は追い越しなどのためにあけておき、左側の通行帯を通行する。

### ❹片側3車線以上の道路

速度に応じて順次左側

中央線

最も右側の通行帯は、追い越しなどのためにあけておき、速度に応じて、順次左側の通行帯を通行する。

**問 11**
□ □
交差点とその手前から 30 メートル以内の場所では、優先道路を通行している場合を除き、他の自動車や原動機付自転車を追い越すため、進路を変えたり、その横を通り過ぎたりしてはならない。

**問 12**
□ □
「身体障害者標識」や「聴覚障害者標識」を表示している車を追い越してはならない。

**問 13**
□ □
高速道路のトンネルや切り通しの出口などは、横風のためにハンドルを取られることがあるので、注意して通行することが大切である。

**問 14**
□ □
図 2 の路側帯の中に入って、駐車や停車をすることはできない。

図 2

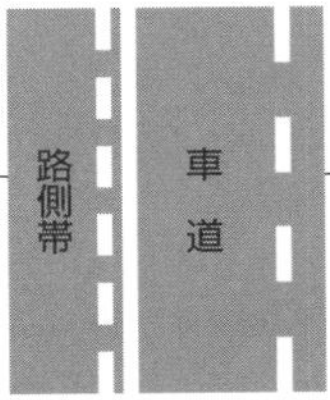

路側帯　車道

**問 15**
□ □
二輪車のマフラーを取りはずすと騒音が大きくなるが、出力が下がるので、マフラーをはずして運転してもよい。

**問 16**
□ □
故障車をロープでけん引するときは、その間を 5 メートル以内にし、ロープに 0.3 メートル平方以上の赤い布を付けなければならない。

**問 17**
□ □
歩道や路側帯のないところに駐車するときは、歩行者の通行のため、左側に 0.5 メートルの余地をあけなければならない。

**問 18**
□ □
制動距離は、速度が 2 倍になれば 2 倍になる。

**問 19**
□ □
シートベルトを備えている自動車を運転するときは、エアバッグ装備車を除き、シートベルトを着用しなければならない。

**問 20**
□ □
火災報知機から 1 メートル以内の場所は、駐車が禁止されている。

**問 21**
□ □
走行中、トンネルに入るときは、あらかじめ前照灯を点灯していれば、速度を落とす必要はない。

**問11** ○ 設問の場所では、優先道路を通行している場合を除き、追い越しをしてはいけません。 P.40 暗記項目 38

**問12** × 設問の標識を付けている車を追い越す行為は、とくに禁止されていません。幅寄せや割り込みが禁止です。 P.34 暗記項目 32

**問13** ○ ハンドルをしっかり握り、ふらつかないように注意して運転します。 ここで覚える!

**問14** ○ 図2は「駐停車禁止路側帯」の標示で、路側帯の中に入って駐停車してはいけません。 P.52 暗記項目 56

**問15** × マフラーをはずすと騒音により住民などに迷惑がかかるので、取りはずして運転してはいけません。 ここで覚える!

**問16** × ロープに付けるのは赤い布ではなく、0.3メートル平方以上の白い布を付けます。 ここで覚える!

**問17** × 歩道や路側帯のない道路では、余地を残さずに、道路の左端に寄せて駐車します。 P.52 暗記項目 56

**問18** × 制動距離は速度の二乗に比例するので、速度が2倍になると、制動距離は4倍になります。 P.12 暗記項目 8

**問19** × エアバッグを備えている自動車でも、シートベルトを正しく着用しなければなりません。 P.12 暗記項目 10

**問20** ○ 火災報知機から1メートル以内は、駐車禁止場所に指定されています。 P.51 暗記項目 53

**問21** × トンネル内の暗さに目が慣れるまで時間がかかるので、速度を落としてトンネルに入ります。 ここで覚える!

# 重要交通ルール解説

## 路側帯のある道路での駐停車

### ❶幅が 0.75 メートル以下の白線1本の路側帯

車道の左端

0.75メートル以下

中に入らずに、車道の左端に沿う。

### ❷幅が 0.75 メートルを超える白線1本の路側帯

0.75メートル以上

中に入る

0.75メートルを超える

中に入り、左側に 0.75メートル以上の余地をあけて止める。

### ❸破線と実線の路側帯

車道の左端

「駐停車禁止路側帯」を表し、中に入らずに、車道の左端に沿う。

### ❹実線2本の路側帯

車道の左端

「歩行者用路側帯」を表し、中に入らずに、車道の左端に沿う。

**問22** 警察署や消防署などの前に停止禁止部分の標示があっても、それは緊急時の標示であるから、緊急時以外であれば、標示部分に入って停止してもかまわない。

**問23** 図3の標識は、車は通行できないが、歩行者は通行できることを表している。

図3

**問24** 前車が自動車を追い越そうとしているときは、追い越しを始めてはならない。

**問25** 右左折するときに生じる内輪差は、車体が大きくなればなるほど大きくなる。

**問26** 自動二輪車の事故で死亡した人の多くは、頭部や顔面のけがが致命傷となっているので、自動二輪車を運転するときは乗車用ヘルメットを必ず着用しなければならない。

**問27** 1人で歩いている子どものそばを通るときは、必ず一時停止して安全に通行させなければならない。

**問28** 違法駐車をして「放置車両確認標章」を取り付けられた車の使用者は、その車を運転するとき、この標章を取り除いてはならない。

**問29** 近くに幼稚園や学校、遊園地があるところでは、子どもの飛び出しにとくに注意する。

**問30** 図4の標識は、この先の道路が工事中のため、車は通行できないことを示している。

図4

黄

**問31** 同一方向に2つの車両通行帯があるとき、自動車は右側の通行帯を、原動機付自転車と軽車両は左側の通行帯を通行する。

**問32** 警察署長の交付する保管場所標章は、自動車の前面ガラスに貼りつけるのがよい。

**問22**

✕

停止禁止部分の標示内には、緊急時以外でも停止してはいけません。

巻頭
◯ 試験に出る!
重要標識・標示

**問23**

✕

図3は「通行止め」の標識で、歩行者、車、路面電車のすべての通行が禁止されています。

巻頭
◯ 試験に出る!
重要標識・標示

**問24**

◯

前車が自動車を追い越そうとしているときの追い越しは「二重追い越し」となり、禁止されています。

P.39
◯ 暗記項目 36

**問25**

◯

後輪が前輪より内側を通ることによる前後輪の軌跡の差である内輪差は、車体が大きくなるほど大きくなります。

ここで覚える!

**問26**

◯

自動二輪車を運転するときは、頭部を保護するため、必ず乗車用ヘルメットをかぶらなければなりません。

P.13
◯ 暗記項目 11

**問27**

✕

徐行または一時停止して、子どもを安全に通行させます。

P.34
◯ 暗記項目 31

**問28**

✕

交通事故防止のため、放置車両確認標章を取り除いて運転することができます。

P.53
◯ 暗記項目 57

**問29**

◯

設問の場所では、子どもの急な飛び出しを予測し、注意して走行する必要があります。

ここで覚える!

**問30**

✕

図4は「道路工事中」の警戒標識ですが、通行禁止を意味するものではありません。

巻頭
◯ 試験に出る!
重要標識・標示

**問31**

✕

車は、右側の通行帯は追い越しなどのためにあけておき、左側の通行帯を通行します。

P.29
◯ 暗記項目 24

**問32**

✕

保管場所標章は、自動車の前面ガラスではなく、後面ガラスに貼りつけます。

ここで覚える!

---

⚠️ **重要交通ルール解説**

## 意味を間違いやすい警戒標識

### ❶学校、幼稚園、保育所などあり

黄

この先に学校、幼稚園、保育所などがあることを表す。「横断歩道」と図柄が似ている点に注意。

### ❷T形道路交差点あり

黄

この先にT形道路の交差点があることを表す。この先が行き止まりであることを意味するものではない。

### ❸幅員減少（上）と車線数減少（下）

黄

黄

「幅員減少」は、この先の道路の幅が狭くなることを表し、「車線数減少」は、この先の道路で車線数が減少することを表す。図柄が似ているので間違えないように注意。

73

**問33** 後輪が右に横滑りを始めたときは、車体は左に向くので、右にハンドルを切って車体の向きを立て直す。

□ □

**問34** 交差点付近を通行中、緊急自動車が近づいてきたので、交差点を避け、道路の左側に寄って徐行した。

□ □

**問35** 車両通行帯のあるトンネルでは、駐車してもよい。

□ □

**問36** 道路に面した場所に出入りするため路側帯を横切るときは、歩行者がいるときに限り、その直前で一時停止しなければならない。

□ □

**問37** 図5の標識は、普通自動車だけの通行禁止を表している。

図5

□ □

**問38** ブレーキのリザーバタンク内の液量の点検は、日常点検で行うものである。

□ □

**問39** 自動車を駐停車するとき、アイドリングストップをしても地球温暖化の防止にはつながらない。

□ □

**問40** オートマチック車のチェンジレバーが「P」や「N」以外の位置にあるときは、アクセルペダルを踏まなくても車が動き出すことがある。

□ □

**問41** エンジンの総排気量が125cc以下、または定格出力が1.0キロワット以下の小型二輪車は、高速道路を通行することができない。

□ □

**問42** 対向車のヘッドライトがまぶしいときは、やむを得ないので、目を閉じて運転してもかまわない。

□ □

**問43** 二輪車のチェーンの点検は、緩みや張り具合を指で押して調べるとともに、注油が十分か確認する。

□ □

**問 33** ○

後輪が横滑りを始めたときは、横滑りした方向にハンドルを切って、車体の向きを立て直します。

P.58 暗記項目 **62**

**問 34** ×

交差点やその付近では、交差点を避け、道路の左側に寄って一時停止しなければなりません。

P.35 暗記項目 **33**

**問 35** ×

トンネル内は、車両通行帯の有無にかかわらず駐停車禁止です。

P.51 暗記項目 **54**

**問 36** ×

路側帯を横切るときは、歩行者がいない場合でも、その直前で一時停止しなければなりません。

P.29 暗記項目 **25**

**問 37** ×

図5は「二輪の自動車以外の自動車通行止め」の標識で、二輪の自動車以外の自動車は通行できません。

巻頭 試験に出る！重要標識・標示

**問 38** ○

ブレーキのリザーバタンク内の液量は、日常点検で行わなければなりません。

P.11 暗記項目 **6**

**問 39** ×

環境に有害な排出ガスが削減できるので、地球温暖化の防止につながります。

ここで覚える！

**問 40** ○

オートマチック車は設問のような「クリープ現象」が発生するので、十分注意が必要です。

ここで覚える！

**問 41** ○

設問のような小型二輪車は、高速道路を通行できません。

P.46 暗記項目 **48**

**問 42** ×

視点をやや左前方に移して、目がくらまないようにします。

P.57 暗記項目 **60**

**問 43** ○

二輪車のチェーンは、張り具合や注油が十分かを点検します。

ここで覚える！

---

**重要交通ルール解説**

## 緊急自動車の優先

### ❶交差点やその付近では

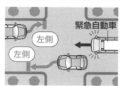

交差点を避けて道路の左側に寄り、一時停止して進路を譲る。

### ※一方通行の道路の場合

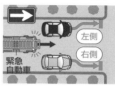

左側に寄るとかえって緊急自動車の妨げになる場合は、交差点を避けて道路の右側に寄り、一時停止して進路を譲る。

### ❷交差点付近以外では

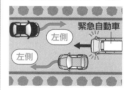

道路の左側に寄って進路を譲る。

### ※一方通行の道路の場合

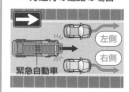

左側に寄るとかえって緊急自動車の妨げになる場合は、道路の右側に寄って進路を譲る。

**問44** 誤った合図や不必要な合図は、他の交通に迷いを与え、危険を高めることになるので、してはならない。

□ □

**問45** 信号機はあるが停止線のない交差点で、近くに横断歩道や自転車横断帯がないところでの停止位置は、信号機の直前である。

□ □

**問46** 故障車をロープでけん引するときは、けん引する車と故障車との間に 10 メートル以上の間隔がなければ危険である。

□ □

**問47** 普通自動二輪車の日常点検は、走行距離や運行時の状況から判断した適切な時期に使用者が行う。

□ □

**問48** 交差点で右左折する自動車は、必ず徐行しなければならない。

□ □

**問49** 図6のような運転者の手による合図は、その車が徐行か停止することを表す。

図6

□ □

**問50** 長い下り坂を走行中、フットブレーキ、エンジンブレーキ、ハンドブレーキが効かなくなったときは、ガードレールに車体を寄せたり、道路わきの土砂に突っ込んだりして車を止める。

□ □

**問51** 災害が発生し、区域を指定して緊急通行車両以外の車両の通行が禁止されたときは、どんな場合も車を区域外まで移動させなければならない。

□ □

**問52** 最高速度が定められているのは、その道路の状況を考えてのことなので、天候が悪くなってもその制限速度を超えなければ安全な速度といえる。

□ □

**問53** 普通貨物自動車に積むときの荷物の長さは、その自動車の長さの 1.1 倍までである。

□ □

**問54** 二輪車を選ぶときは、二輪車にまたがったとき、両足のつま先が地面に届かなければ、体格に合った車種とはいえない。

□ □

**問44**
○
不必要な合図は、<u>危険を高める</u>ことになるので、<u>してはいけません</u>。

ここで覚える!

**問45**
×
設問の場合の停止位置は、<u>信号機の直前</u>ではなく、<u>交差点の直前</u>です。

ここで覚える!

**問46**
×
けん引する車と故障車との間隔は、<u>5</u>メートル以内にしなければなりません。

ここで覚える!

**問47**
○
普通自動二輪車の日常点検は、走行時の状況などから判断した<u>適切な時期</u>に行います。
P.11
暗記項目 **6**

**問48**
○
交差点を右折または左折するときは、必ず<u>徐行</u>しなければなりません。
P.25
暗記項目 **22**

**問49**
×
右腕を車の外に出して水平に伸ばす合図は、その車が<u>右折</u>や<u>転回</u>、<u>右に進路変更</u>することを表します。
P.30
暗記項目 **27**

**問50**
○
すべてのブレーキが効かないときは、最終的な手段として、<u>設問のように</u>車を止めます。
P.58
暗記項目 **62**

**問51**
×
車を<u>道路外の場所</u>に移動すれば、<u>区域外まで移動</u>する必要はありません。

ここで覚える!

**問52**
×
制限速度を超えなくても、<u>道路の状況</u>や<u>天候に応じた</u>安全な速度で運転しなければなりません。

ここで覚える!

**問53**
×
普通貨物自動車には、自動車の長さの<u>1.2</u>倍まで、荷物を積むことができます。
P.10
暗記項目 **5**

**問54**
○
二輪車にまたがったとき、両足のつま<u>先が地面に届かない</u>ものは、車体が大きすぎるので避けます。

ここで覚える!

---

 **重要交通ルール解説**

## 合図の時期と方法

### ❶左折するとき

<u>左折</u>しようとする地点（交差点では<u>交差点</u>）から<u>30</u>メートル手前の地点で、<u>左側の方向指示器</u>などで合図をする。

### ❷左に進路変更するとき

進路を変えようとする約<u>3</u>秒前に、<u>左側の方向指示器</u>などで合図をする。

(伸ばす)　(曲げる)

### ❸右折・転回するとき

<u>右折</u>や<u>転回</u>しようとする地点（交差点では<u>交差点</u>）から<u>30</u>メートル手前の地点で、<u>右側の方向指示器</u>などで合図をする。

### ❹右に進路変更するとき

進路を変えようとする約<u>3</u>秒前に、<u>右側の方向指示器</u>などで合図をする。

(曲げる)　(伸ばす)

### ❺徐行・停止するとき

<u>徐行</u>や<u>停止</u>しようとするときに、<u>ブレーキ灯</u>などで合図をする。

(斜め下)　(斜め下)

### ❻四輪車が後退するとき

<u>後退</u>しようとするときに、<u>後退灯</u>などで合図をする。

(斜め下)

**問55** 高速道路の本線車道は、通常高速走行する部分をいい、加速車線や減速車線も含まれる。
□ □

**問56** 二輪車でぬかるみや砂利道を通過するときは、トップギアに入れ、惰力で乗りきるのがよい。
□ □

**問57** 交通整理が行われていない見通しのきかない交差点は、優先道路を通行している場合を除き、徐行しなければならないが、状況によって一時停止が必要な場合もある。
□ □

**問58** 横断歩道に近づいたとき、横断する人や横断しようとしている人がいないことが明らかな場合でも、その手前で停止できるような速度で進まなければならない。
□ □

**問59** 図7の標識のある道路では、大型自動二輪車と普通自動二輪車は通行することができない。
□ □

図7

**問60** 踏切内は、エンストを防止するため、発進したときの低速ギアのまま一気に通過するのがよい。
□ □

**問61** 路面電車を追い越すときは、その右側を通行するのが原則である。
□ □

**問62** 一方通行の道路で右折するときは、あらかじめ道路の中央に寄り、交差点の中心の直近の内側を徐行しながら通行しなければならない。
□ □

**問63** 行き違うのが難しい坂道では、下りの車が上りの車に道を譲るのが原則だが、近くに待避所があるときは、上りの車でも待避所に入って待つようにする。
□ □

**問64** 交差点を右折する原動機付自転車は、どんな場合も二段階の方法で右折しなければならない。
□ □

**問65** 進路変更をするときは、バックミラーなどで安全を確認しなければならないが、バックミラーなどで見えない部分に他の車がいることを予測して運転することも大切である。
□ □

**問55** <u>加速車線</u>や<u>減速車線</u>、<u>路肩</u>や<u>路側帯</u>は、本線車道に含まれません。

P.46 暗記項目 47

**問56** <u>トップギア</u>ではなく<u>低速ギア</u>に入れ、バランスを保って<u>ゆっくり</u>通過します。

ここで覚える!

**問57** 安全が十分確認できないときは、<u>一時停止</u>して確かめます。

ここで覚える!

**問58** 横断する人や横断しようとしている人が明らかにいない場合は、<u>そのまま進行</u>できます。

P.33 暗記項目 30

**問59** 図7は「<u>大型自動二輪車及び普通自動二輪車二人乗り通行禁止</u>」の標識で、通行することはできます。

P.47 暗記項目 51

**問60** 踏切内で変速すると<u>エンスト</u>するおそれがあるので、<u>低速ギア</u>のまま一気に通過します。

P.44 暗記項目 43

**問61** 路面電車を追い越すときは、<u>軌道が左端</u>に寄って設けられている場合を除き、その<u>左</u>側を通行します。

ここで覚える!

**問62** 一方通行の道路では、あらかじめ道路の<u>右</u>端に寄り、交差点の<u>中心の内側</u>を徐行します。

P.43 暗記項目 39

**問63** <u>待避所がある側</u>の車がそこに入って、対向車に進路を譲ります。

P.45 暗記項目 46

**問64** <u>交通整理</u>が行われていない場合や、車両通行帯が<u>2</u>つ以下の場合などでは、<u>自動車</u>と同じ方法で右折します。

P.43 暗記項目 40

**問65** バックミラーで見えない<u>死角</u>部分は、<u>目視</u>するなどして危険に備えます。

ここで覚える!

---

## 横断歩道や自転車横断帯に近づいたとき

### ❶横断する人や自転車が明らかにいないとき

そのまま進める。

### ❷横断する人や自転車がいるかいないか明らかでないとき

停止できるような速度

停止できるような速度で進む。

### ❸横断する、または横断しようとしている人や自転車がいるとき

一時停止

停止位置で一時停止して道を譲る。

**問66**
□ □ 交差点で進行方向の信号が黄色の灯火の点滅を表示している場合、車は他の交通に注意して進むことができる。

**問67**
□ □ 標識や標示で指定されていない一般道路における大型自動二輪車と普通自動二輪車の最高速度は、時速60キロメートルである。

**問68**
□ □ 普通自動車は、左折や工事などでやむを得ない場合を除き、図8の標識のある通行帯を通行することができない。

図8

**問69**
□ □ 一方通行の道路は右側部分にはみ出して通行できるが、はみ出し方を最小限にしなければならない。

**問70**
□ □ 初心者マークは、準中型免許または普通免許を受けて1年未満の人が自動車を運転するときに表示するものである。

**問71**
□ □ チャイルドシートは、その幼児の体格に合った、座席に確実に固定できるものを使用しなければ効果が期待できない。

**問72**
□ □ 乗車定員5人の普通乗用自動車には、運転者のほかに大人2人と12歳未満の子ども3人を乗せることができる。

**問73**
□ □ 二輪車でカーブを曲がるときは、ハンドルを切るのではなく、車体を傾けることによって自然に曲がるような要領で行うのがよい。

**問74**
□ □ 高速自動車国道での中型自動車の法定最高速度は、すべて時速100キロメートルである。

**問75**
□ □ 貨物自動車の積載重量は、自動車検査証に記載されている最大積載量の1割増しまでである。

**問76**
□ □ 歩行者がいる安全地帯のそばを通る車は、徐行しなければならない。

**問 66** ○

黄色の点滅信号では、他の交通に注意して進むことができます。

P.19 暗記項目 **16**

**問 67** ○

一般道路の自動二輪車の法定速度は、ともに時速 60 キロメートルです。

P.23 暗記項目 **18**

**問 68** ○

普通自動車は、原則として路線バス等の専用通行帯を通行できません。

P.35 暗記項目 **34**

**問 69** ✕

一方通行の道路は反対方向から車が来ないので、はみ出し方を最小限にする必要はありません。

P.29 暗記項目 **24**

**問 70** ○

初心者マークは、準中型免許または普通免許を受けて1年未満の人が自動車を運転するときに付けるものです。

P.34 暗記項目 **32**

**問 71** ○

チャイルドシートは、子どもの発育に応じて体格に合ったものを選びます。

P.12 暗記項目 **10**

**問 72** ○

12 歳未満の子どもは3人を大人2人に換算（かんさん）するので、設問の場合、運転者を加えて合計5人となります。

ここで覚える！

**問 73** ○

無理にハンドルを切って曲がると転倒（てんとう）するおそれがあるので、車体をカーブの内側に傾けて曲がります。

ここで覚える！

**問 74** ✕

特定中型貨物自動車の法定最高速度は、時速 80 キロメートルで、それ以外は時速 100 キロメートルです。

P.46 暗記項目 **49**

**問 75** ✕

積載重量は、自動車検査証に記載されている最大積載量を超えてはいけません。

P.10 暗記項目 **5**

**問 76** ○

歩行者がいない場合は徐行する必要はありませんが、歩行者がいる場合は徐行が必要です。

P.33 暗記項目 **29**

---

！ 重要交通ルール解説

## 路線バスなどの優先

### ❶バスが発進しようとしているとき

後方の車はバスの発進を妨げてはいけない。ただし、急ブレーキや急ハンドルで避けなければならないときは先に進める。

### ❷路線バス等の専用通行帯では

指定車と小型特殊以外の自動車は、原則として通行してはいけない。原動機付自転車、小型特殊自動車、軽車両は、その通行帯を通行できる

### ❸路線バス等優先通行帯では

車も通行できるが、路線バス等が近づいてきたら、指定車と小型特殊以外の自動車は、その通行帯から出て進路を譲る。原動機付自転車、小型特殊自動車、軽車両は、左側に寄って進路を譲る。

**問77** □ □ 前方の信号が黄色に変わったとき、停止位置で安全に停止できる場合でも、前方の交通量が少ないときは、加速してそのまま交差点を通過してよい。

**問78** □ □ 図9の標識のあるところでは、右側部分にはみ出さなければ追い越しをしてもよい。

図9

**問79** □ □ 自動車を運転するときは、自分本位でなく歩行者や他の運転者の立場も尊重し、譲り合いと思いやりの気持ちをもつことが大切である。

**問80** □ □ 普通免許を受ければ、総排気量90ccの二輪車を運転することができる。

**問81** □ □ 二輪車のブレーキは、エンジンブレーキを使わずに、前輪と後輪ブレーキを別々にかけるとよい。

**問82** □ □ タクシーなどの事業用自動車は、3か月ごとに定期点検をしなければならない。

**問83** □ □ 高速道路を走行中、行き先に迷って本線車道で停止したり、突然進路を変えたりすると危険なので、あらかじめ計画を立てておくことが大切である。

**問84** □ □ 図10の標識は、道路がこの先で行き止まりになっていることを表している。

図10

黄

**問85** □ □ 標示とは、ペイントや道路びょうなどによって路面に示された線、記号、文字のことをいい、規制標示と警戒標示の2種類がある。

**問86** □ □ 交通事故を起こしたが、相手と示談の交渉をするため、まず最初に会社に連絡した。

**問87** □ □ 自動車専用道路の法定最高速度は、一般道路と同じである。

**問77** 停止位置で安全に停止できる場合は、停止位置から<u>先に進んではいけません</u>。
× P.19  暗記項目 16

**問78** 図9は「<u>追越しのための右側部分はみ出し通行禁止</u>」の標識で、右側部分に<u>はみ出さない追い越し</u>はできます。
○ P.39  暗記項目 37

**問79** 譲り合いと思いやりの気持ちをもって運転することで、交通事故を<u>未然に防ぐ</u>ことにつながります。
○ ここで覚える!

**問80** 普通免許では、総排気量90ccの普通自動二輪車を運転することはできません。
× P.9 暗記項目 2 P.10  暗記項目 4

**問81** 二輪車は、<u>エンジンブレーキを十分活用</u>し、前後輪ブレーキを<u>同時にかける</u>のが基本です。
× ここで覚える!

**問82** 定期点検は車種や用途ごとに<u>3</u>か月、<u>6</u>か月、<u>1</u>年に分けられますが、タクシーは<u>3</u>か月ごとに行います。
○ P.11  暗記項目 7

**問83** あらかじめ<u>運転計画</u>を立て、あわてて<u>危険な行為</u>をしないようにすることが大切です。
○ ここで覚える!

**問84** 図10は「<u>幅員減少</u>」を表し、道幅が<u>狭くなっている</u>ことを表しています。
× 巻頭 試験に出る! 重要標識・標示

**問85** 標示の意味は<u>設問のとおり</u>ですが、警戒標示はなく、<u>規制</u>標示と<u>指示</u>標示の2種類になります。
× P.17  暗記項目 14

**問86** 車を<u>安全な場所に移動</u>して<u>負傷者</u>を<u>救護</u>し、<u>警察官に報告</u>しなければなりません。
× P.58 暗記項目 63

**問87** 自動車専用道路は高速道路ですが、法定最高速度は<u>一般道路</u>と同じ、時速<u>60</u>キロメートルです。
○ P.46 暗記項目 49

---

重要交通ルール解説

## 交通事故のときの処置

### ❶続発事故の防止

<u>他の交通</u>の妨げにならないような場所に車を移動し、<u>エンジン</u>を止める。

### ❷負傷者の救護

負傷者がいる場合は、ただちに<u>救急車</u>を呼ぶ。<u>救急車</u>が到着するまでの間、可能な<u>応急救護処置</u>を行う。

### ❸警察官への事故報告

事故が発生した場所や状況などを<u>警察官に報告</u>する。

**問88** 一方通行となっている道路では、車道の右側に寄せて駐車することができる。

□□

**問89** 二輪車のエンジンをかけたままであっても、押して歩けば歩道を通行してもよい。

□□

**問90** 交通量が多いところで車に乗り降りするときは、左側のドアから行うようにするのがよい。

□□

**問91** 時速40キロメートルで進行しています。どのようなことに注意して運転しますか？

□□ （1）対向車の車体はかなり右側に傾いており、急に右折してくると思われるので、減速して進行する。

□□ （2）対向車は右折するため、自車の通過を待っていると思われるので、加速して通過する。

□□ （3）対向車は無理に右折してくるかもしれないが、交差点が広く、避けることができるので、そのまま進行する。

**問92** 時速50キロメートルで進行しています。どのようなことに注意して運転しますか？

□□ （1）カーブで無理に車体を傾けると、横滑りしてガードレールに衝突するおそれがあるので、自然に曲がれるように速度を落とす。

□□ （2）二輪車は機動性に富んでいるので、カーブでもこのままの速度で進行する。

□□ （3）カーブの手前で速度を落とし、連続するカーブの途中ではスロットルで速度を加減しながら進行する。

問88 一方通行の道路でも、駐車するときは、車道の左端に沿わなければなりません。　✕

ここで覚える！

問89 エンジンをかけたままだと、押して歩いても歩行者として扱われません。　✕

ここで覚える！

問90 右側の車道側は後続車があって危険なので、左側のドアから乗り降りしたほうが安全です。　○

ここで覚える！

エンジンを止める　歩行者

問91

**歩行者と対向車の動きに注目！**

対向車は、歩行者の動向を見て右折するタイミングを図っているようです。自車の接近に気づいていないおそれがあるので注意が必要です。

(1) 対向車は急に右折してくるおそれがあるので、減速して進行します。　○

(2) 対向車は、自車の通過を待ってくれるとは限らず、先に右折してくるおそれがあります。　✕

(3) そのまま進むと、対向車が右折してきたときに避けられずに、衝突するおそれがあります。　✕

問92

**速度と警戒標識に注目！**

二輪車の速度は、時速50キロメートルです。この先はカーブになっていて、このままの速度で進入するのはたいへん危険です。

(1) カーブの手前で速度を落とし、安全にカーブを曲がります。　○

(2) 速度を落とさないとカーブを曲がりきれずに、ガードレールに衝突するおそれがあります。　✕

(3) カーブの途中では、スロットルで速度を調節しながら進行します。　○

**問93** 時速30キロメートルで進行しています。どのようなことに注意して運転しますか?

☐ ☐ (1)左側の歩行者は、バスに乗るため急に横断するかもしれないので、ブレーキを数回に分けて踏み、速度を落とす。

☐ ☐ (2)左側の歩行者のそばを通るとき、水をはねないように速度を落として進行する。

☐ ☐ (3)バスのかげから歩行者が出てくるかもしれないので、速度を落とし、注意して走行する。

**問94** 時速20キロメートルで進行中、対向車線が渋滞しています。どのようなことに注意して運転しますか?

☐ ☐ (1)渋滞している車の間に歩行者がいるが、自車の存在に気づいているため道を譲ると思われるので、そのまま進行する。

☐ ☐ (2)前方の二輪車は、左の路地に入るため右折すると思われるので、ブレーキを数回に分けて踏み、後続車に合図をする。

☐ ☐ (3)歩行者が飛び出してきたり、対向車のドアが開いたりするかもしれないので、注意して進行する。

**問95** 時速40キロメートルでタクシーの後ろを走行しています。どのようなことに注意して運転しますか?

☐ ☐ (1)人が手を上げているため、タクシーは急に止まると思われるので、その側方を加速して通過する。

☐ ☐ (2)タクシーの停止に備えて急に減速すると、後続車に追突されるおそれがあるので、そのままの速度で走行する。

☐ ☐ (3)タクシーは左の方向指示器を出しておらず、停止するとは思われないので、そのままの速度で進行する。

### 問93　左側の歩行者と右側のバスに注目！

左側の歩行者は、バスに乗るため急に道路を横断するかもしれません。また、雨が降っているので、歩行者に水をはねないように注意が必要です。

**(1)** ○ 後続車の追突に注意しながら速度を落とし、歩行者の横断に備えます。

**(2)** ○ 歩行者に水をはねないように、速度を落として進行します。

**(3)** ○ 歩行者の急な飛び出しに備えて、速度を落とします。

### 問94　車のかげの歩行者と後続車に注目！

右側の車のかげから歩行者が飛び出してくるかもしれません。また、急ブレーキをかけると後続車に追突されるおそれもあるので注意が必要です。

**(1)** ✕ 歩行者は、自車の存在に気づかずに道路を横断するおそれがあります。

**(2)** ○ ブレーキを数回に分けて踏み、後続車に停止することを知らせます。

**(3)** ○ その他に危険な状況がないか、よく確かめながら進行します。

### 問95　タクシーの動向と後続車の有無に注目！

タクシーは客を乗せるため、急に停止するかもしれません。後続車に注意しながら、ブレーキを数回に分けて踏み、速度を落としましょう。

**(1)** ✕ 前のタクシーが客を乗せているなど、急に止まるとは限りません。

**(2)** ✕ そのままの速度で走行すると、前のタクシーが急に減速した場合に追突するおそれがあります。

**(3)** ✕ 合図を出していなくても、タクシーが客を乗せるため、急に止まるおそれがあります。

問1〜95を読み、正しいものは「○」、誤っているものは「×」と答えなさい。配点は問1〜90が各1点、問91〜95が各2点（3問とも正解の場合）。

制限時間 50分　合格点 90点以上

**問1** 二輪車の乗車用ヘルメットで風防付きのものは、風防の汚れやほこりを取り除き、前方がよく見えるようにしておくことが大切である。

**問2** 横断歩道や自転車横断帯で一時停止するとき、その手前に停止線があれば、その直前で止まらなければならない。

**問3** 原動機付自転車や普通自動二輪車の積み荷の高さの制限は、地上から2メートル以下である。

**問4** 二輪車でカーブを曲がるときは、両ひざをタンクに密着させ、車体と体を傾けて自然に曲がるようにする。

**問5** 図1の標識のある交差点で右折する原動機付自転車は、あらかじめ道路の中央に寄り、交差点の中心のすぐ内側を徐行して通行する。

図1

**問6** 交差点付近の横断歩道のない道路を横断している歩行者がいる場合、車のほうが優先して進むことができる。

**問7** 決められた速度の範囲であれば、急発進や急加速を繰り返してもよい。

**問8** 二段階右折する原動機付自転車は、右折の合図をするとまわりの運転者が混乱するので、右折の合図をしてはならない。

**問9** 進路変更するときは、周囲の安全を確認してから方向指示器を出し、約3秒後に安全を確認してから行うのがよい。

**問10** 登坂車線は、重い荷物を積んだトラックなどの速度の遅い車が通行する車線である。

| 正解 | ポイント解説 |
|---|---|

**問1**

〇

風防の<u>汚れ</u>や<u>ほこり</u>を取り除き、つねに<u>きれいにして</u>おかないと危険です。

ここで覚える！

**問2**

〇

横断歩道や自転車横断帯の手前に停止線があるときは、<u>その直前で停止</u>しなければなりません。

ここで覚える！

**問3**

〇

原動機付自転車と自動二輪車は、地上から<u>2</u>メートルを超えて荷物を積んではいけません。

P.10
暗記項目 **5**

**問4**

〇

二輪車でカーブを曲がるときは、車体と体を傾けて<u>自然に曲がる</u>要領で行います。

ここで覚える！

**問5**

〇

図1は「<u>原動機付自転車の右折方法（小回り）</u>」を表し、原動機付自転車は<u>自動車と同じ方法</u>で右折します。

P.43
暗記項目 **39**
暗記項目 **40**

**問6**

✕

<u>一時停止</u>をするなどして、<u>歩行者の通行</u>を<u>妨</u>げてはいけません。

ここで覚える！

**問7**

✕

急発進や急加速は<u>騒音</u>や<u>有害なガス</u>で<u>他人に迷惑をかける</u>ので、行ってはいけません。

ここで覚える！

**問8**

✕

交差点の<u>30</u>メートル手前から<u>右</u>に向きを変えるまで、<u>右折の合図</u>をしなければなりません。

P.43
暗記項目 **39**
暗記項目 **41**

**問9**

〇

進路変更は、バックミラーなどで<u>安全</u>を確認し、他の交通の<u>妨げ</u>にならないように行います。

ここで覚える！

**問10**

〇

登坂車線は、坂で<u>速度が遅くなる</u>車が通行する車線で、通行する車種はとくに<u>限定されていません</u>。

ここで覚える！

---

**重要交通ルール解説**

## 「原動機付自転車の右折方法」の2つの標識の意味

### ❶二段階

二段階右折の原動機付自転車

直進

原動機付自転車は、上記の標識がある道路の交差点では、<u>二段階の方法</u>で右折しなければならない。

### ❷小回り

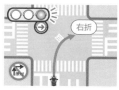

右折

原動機付自転車は、上記の標識がある道路の交差点では、自動車と同じ<u>小回りの方法</u>で右折しなければならない。

**問11** □□ 前車が原動機付自転車を追い越そうとしていたが、安全を確認して前車を追い越した。

**問12** □□ 雪道の下り坂は滑りやすいので、エンジンブレーキを十分活用し、フットブレーキは小刻みに軽く踏むとよい。

**問13** □□ 摩擦力や遠心力など、走行中に働く自然の力の知識は、二輪車の運転には関係ないので、とくに考える必要はない。

**問14** □□ 図2のマークは、70歳以上の運転者が普通自動車を運転するときに表示する「高齢者マーク」である。

図2
黄緑
オレンジ
黄
緑

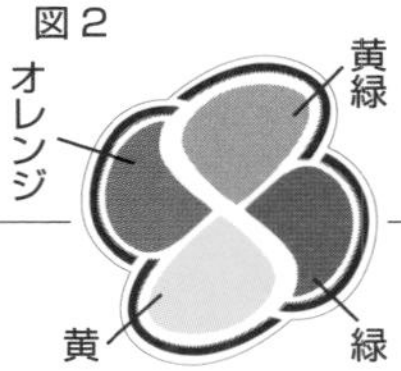

**問15** □□ 原動機付自転車の積載装置に積むことのできる積載物の幅は、積載装置の幅に左右それぞれ0.3メートルを加えた幅までである。

**問16** □□ 内輪差とは、ハンドルを左右に切ったときの「ハンドルのあそび」のことをいう。

**問17** □□ 前方の交差点の信号が青色の灯火を表示しているとき、自動車は直進、左折、右折することができる。

**問18** □□ 交差点以外の横断歩道などのないところで、警察官が両腕を水平に上げている手信号をしているとき、対面する車は警察官の1メートル手前で停止しなければならない。

**問19** □□ 自動車や原動機付自転車を運転するときは、その車を運転できる免許証を携帯していなければならない。

**問20** □□ 上り坂の頂上付近での追い越しは、反対方向の車などと出会い頭に衝突するおそれがあるので、禁止されている。

**問21** □□ 車から降りるためにドアを開けるときは、まず少し開けて一度止め、前後の安全を確かめる。

**問11** 禁止されているのは、前車が<u>自動車</u>を追い越そうとしているときに前車を追い越す「<u>二重追い越し</u>」です。
○　P.39　暗記項目 **36**

**問12** 雪道の下り坂はたいへん<u>滑りやすい</u>ので、フットブレーキは<u>小刻みに軽く使</u>用します。
○　ここで覚える!

**問13** 二輪車でも、摩擦力や遠心力などの自然の力を<u>正しく理解</u>していないと、<u>安全運転</u>ができません。
✕　ここで覚える!

**問14** 図2は、<u>70</u>歳以上の運転者が<u>普通自動車</u>に表示する「<u>高齢者マーク</u>（高齢運転者標識）」です。
○　P.34　暗記項目 **32**

**問15** 積載装置の幅に左右それぞれ<u>0.15</u>メートル加えた幅までしか荷物を積めません。
✕　P.10　暗記項目 **5**

**問16** 内輪差とは、車が曲がるとき、<u>後輪</u>が<u>前輪</u>より内側を通ることによる前後輪の<u>軌跡の差</u>をいいます。
✕　ここで覚える!

**問17** 青色の灯火信号では、自動車は<u>直進</u>、<u>左折</u>、<u>右折</u>することができます。
○　P.19　暗記項目 **16**

**問18** 交差点以外の横断歩道などのないところでは、警察官の<u>1</u>メートル手前で停止します。
○　ここで覚える!

**問19** 免許証を携帯していなければ、「<u>免許証不携帯</u>」の違反になります。
○　P.9　暗記項目 **1**

**問20** 上り坂の頂上付近は、対向車の<u>接近が確認できない</u>ので、<u>追い越し禁止場所</u>に指定されています。
○　P.40　暗記項目 **38**

**問21** ドアを少し開けて一度止める動作は、他の交通に対して、<u>降車の合図</u>になります。
○　ここで覚える!

---

**重要交通ルール解説**

## 自動車に表示するマーク（標識）の意味

**❶初心者マーク**

免許を受けて<u>1</u>年未満の人が、<u>自動車</u>を運転するときに付けるマーク。

**❷高齢者マーク**

<u>70</u>歳以上の人が、<u>自動車</u>を運転するときに付けるマーク。

**❸身体障害者マーク**

<u>身体</u>に障害がある人が、<u>自動車</u>を運転するときに付けるマーク。

**❹聴覚障害者マーク**

<u>聴覚</u>に障害がある人が、<u>自動車</u>を運転するときに付けるマーク。

**❺仮免許練習標識**

仮免許　練習中

運転の<u>練習</u>をする人が、<u>自動車</u>を運転するときに付けるマーク。

**問22** 普通自動車に12歳以下の子どもを同乗させるときは、チャイルドシートを使用しなければならない。

**問23** 図3の標識は、自動車と原動機付自転車の最高速度が時速50キロメートルであることを表している。

図3

(50)

**問24** 車の乗車定員は、12歳未満の子ども3人を大人1人として計算する。

**問25** 道路の左端が路線バス等の専用通行帯に指定されているところでは、普通自動車は左折するときであっても、そのレーンを通行することができない。

**問26** ラジエータの水はエンジンを冷やすためのものであるから、温度の低い冬の期間中は、点検したり水を補給したりする必要はない。

**問27** 停留所に停止していた路線バスが、方向指示器などで発進の合図をしたので、徐行してバスを先に発進させた。

**問28** ぬかるみや水たまりのある道路での運転で、歩行者に泥や水をはねても、徐行さえしていれば運転者に責任はない。

**問29** 大地震が発生して避難するときは、できるだけ道路以外の場所に車を移動させる。

**問30** 交通事故の責任は、事故を起こした運転者だけにあるので、不用意に車を貸した所有者に責任はない。

**問31** 図4の点滅信号に対面した車は、他の交通に注意し、徐行して進むことができる。

図4

**問32** 高速道路は、一般道路に比べて道路環境がよいので、長時間運転しても疲労が少なく、無理に休息をとる必要はない。

**問22** ✕ チャイルドシートの使用が義務づけられているのは、6歳未満の幼児です。
P.12 暗記項目 10

**問23** ✕ 図3は「最高速度時速50キロメートル」の標識ですが、原動機付自転車の最高速度は時速30キロメートルです。
P.23 暗記項目 18

**問24** ✕ 乗車定員は、12歳未満の子ども3人を大人2人として計算します。
ここで覚える!

**問25** ✕ 左折するときは、普通自動車も左端の路線バス等の専用通行帯を通行できます。
P.35 暗記項目 34

**問26** ✕ 冬の期間中でも、ラジエータの水量や水漏れなどを点検しなければなりません。
P.11 暗記項目 6

**問27** ◯ 路線バスが発進の合図をしたときは、原則として、徐行するなどして、バスの発進を妨げないようにします。
ここで覚える!

**問28** ✕ 徐行していても、歩行者に泥や水をはねてしまった責任は、運転者にあります。
ここで覚える!

**問29** ◯ やむを得ない場合を除き、道路以外の場所に車を移動させて避難します。
P.58 暗記項目 62

**問30** ✕ 運転者だけでなく、不用意に車を貸した所有者も、事故の責任を問われることがあります。
ここで覚える!

**問31** ✕ 赤色の点滅信号では、徐行ではなく、一時停止して安全を確認したあとに進むことができます。
P.19 暗記項目 16

**問32** ✕ 長時間運転は高速道路でも疲れて危険なので、少なくとも2時間に1回は休息するようにします。
P.9 暗記項目 1

---

**⚠ 重要交通ルール解説**

## 大地震が発生したとき

### ❶安全に停止

急ブレーキを避け、できるだけ安全な方法で道路の左側に車を止める。

### ❷情報の収集

ラジオなどで地震情報や交通情報を聞き、その情報に応じて行動する。

### ❸車を移動

車を置いて避難するときは、できるだけ道路外の安全な場所に車を移動する。

### ❹適切な処置

やむを得ず道路上に車を置いて避難するときは、エンジンを止めて窓を閉め、キーは付けたままとするか運転席などに置いておき、ドアロックはしない。

**問33** 道路の曲がり角付近は、対向車と衝突する危険があるので、追い越しが禁止されている。

□ □

**問34** これから車を運転しようとする人に、酒を出したり、勧めたりしてはいけない。

□ □

**問35** ブレーキペダルを踏み込んだとき、ふわふわした感じのするときは、ブレーキホースに空気が入っているか、ブレーキ液が漏れているおそれがある。

□ □

**問36** 横断歩道や自転車横断歩道とその手前から 30 メートル以内の場所では、自動車や原動機付自転車を追い越してはならない。

□ □

**問37** 自動二輪車のブレーキをかけるとき、前後輪ブレーキを同時に操作するのは危険である。

□ □

**問38** 交差点での交通事故は、信号無視や一時不停止などルールを守らなかったり、夜間や悪天候時など状況による不注意によったりして起こることが多い。

□ □

**問39** 対向車と行き違うときや、他車の直後を通行しているときは、前照灯を減光するか、下向きに切り替えなければならない。

□ □

**問40** 止まっている車のそばを通行するときは、ドアが急に開いたり、車のかげから急に人が飛び出したりすることがあるので、安全な速度で注意して走行する。

□ □

**問41** 図5の標識は、「一方通行」の標識である。

図5

□ □

**問42** 子どもは興味のあるものに夢中になり、突然道路上に飛び出してくることがあるので、子どもがいる場合、運転者はとくに注意しなければならない。

□ □

**問43** タクシーを修理工場まで回送する場合は、第一種普通免許で運転することができる。

□ □

**問33** 道路の曲がり角付近は、見通しにかかわらず、追い越し禁止場所に指定されています。
⭕
P.40
暗記項目 **38**

**問34** 飲酒運転を容認するような行為は、してはいけません。
⭕
ここで覚える！

**問35** 設問のような状態のときは、ホース内に空気が混入しているか、ブレーキ液が漏れているおそれがあります。
⭕
ここで覚える！

**問36** 横断歩道や自転車横断歩道とその手前から30メートル以内の場所は、追い越しが禁止されています。
⭕
P.40
暗記項目 **38**

**問37** 自動二輪車のブレーキは、前後輪ブレーキを同時に操作するのが基本です。
❌
ここで覚える！

**問38** 交差点では事故が多く発生する場所ですが、設問のようなことが原因で発生することが多くなっています。
⭕
ここで覚える！

**問39** 相手がまぶしくないように、前照灯を減光するか、下向きに切り替えて運転します。
⭕
P.57
暗記項目 **60**

**問40** 急な飛び出しなどに備えて、安全な速度で注意して走行する必要があります。
⭕
ここで覚える！

**問41** 図5は「指定方向外進行禁止（右左折禁止）」の標識で、矢印の方向以外には進行できないことを表します。
❌
巻頭
試験に出る！重要標識・標示

**問42** 子どもは突然、道路上に飛び出してくるおそれがあるので、速度を落とすなど十分注意して運転します。
⭕
ここで覚える！

**問43** タクシーを回送運転する場合は、第二種免許がなくても、第一種普通免許で運転できます。
⭕
ここで覚える！

---

! **重要交通ルール解説**

## 運転免許の種類

### ❶第一種免許
自動車や原動機付自転車を運転するときに必要な免許。

### ❷第二種免許
タクシーやバスなどの旅客自動車を旅客運送する目的で運転するときや、代行運転自動車（普通自動車）を運転するときに必要な免許。

### ❸仮免許
練習や試験などのために大型・中型・準中型・普通自動車を運転するときに必要な免許。

仮免許
練習中

**問44** 一方通行の道路から前方の交差点を左折するときは、あらかじめできるだけ道路の左端に寄り、交差点の側端に沿って徐行しながら通行しなければならない。

**問45** 長い下り坂では、エンジンブレーキを使うより、フットブレーキを主に使用するほうがよい。

**問46** 違法な駐停車は、付近の交通を混雑させるとともに、道路の見通しを悪くするため、歩行者などの飛び出し事故の原因になる。

**問47** オートマチック車を運転中、交差点などで信号待ちのために停止したときは、チェンジレバーを「N」に入れておけばブレーキをかけておく必要はない。

**問48** 高速道路の案内標識は目につきやすいので、目的地への方向や距離、出口などの案内にはとくに注意する必要はない。

**問49** 図6の標示は、自転車専用道路であることを表している。

図6

**問50** 標識や標示によって横断や転回が禁止されているところでは、同時に後退も禁止されている。

**問51** 高速道路で加速車線から本線車道に合流しようとしたが、本線車道の交通が混雑していたので、左側の路側帯を通行して合流した。

**問52** 運転者が疲れているとブレーキ操作が遅れるので、空走距離は長くなる。

**問53** 側車付きの自動二輪車は、エンジンを切って押して歩けば、歩行者として扱われる。

**問54** 高速道路で追い越しをするときは、とくに後方の追い越し車線から接近してくる車に注意する。

**問44** 一方通行の道路でも他の道路の場合と同様に、左端に寄り、交差点の側端に沿って徐行しながら通行します。

○

P.43
暗記項目 39

**問45** 長い下り坂では、エンジンブレーキを主に使い、フットブレーキを補助的に使います。

×

P.45
暗記項目 44

**問46** 違法な駐停車は目に見えない死角をつくり、交通事故の原因になります。

○

ここで覚える！

**問47** 「クリープ現象」を防ぐため、フットブレーキを踏んでおくか、ハンドブレーキをかけておきます。

×

ここで覚える！

**問48** 目につきやすくても、目的地への必要な情報を得るために、案内標識に注意して運転します。

×

ここで覚える！

**問49** 図6の標示は「自転車横断帯」を表し、自転車専用道路ではありません。

×

ここで覚える！

**問50** 横断や転回が禁止されている場所でも、後退はとくに禁止されていません。

×

ここで覚える！

**問51** 加速車線で合流する機会を待ち、路側帯を走行してはいけません。

×

ここで覚える！

**問52** 運転者が疲れていると、ブレーキが効き始めるまでに車が走る空走距離が長くなります。

○

P.23
暗記項目 19

**問53** 側車付きや他の車をけん引しているときは、エンジンを切って押して歩いても、歩行者として扱われません。

×

ここで覚える！

**問54** 高速道路では、とくに追い越し車線から接近してくる車に十分注意して追い越しをします。

○

ここで覚える！

---

📝 **重要交通ルール解説**

## 意味を間違いやすい標示

### ❶停止禁止部分

この標示内に停止してはいけない。通行禁止を意味するものではない。

### ❷自転車横断帯

自転車が横断する場所を表す。自転車専用道路ではないことに注意。

### ❸右側通行

道路の中央から右側部分にはみ出して通行できることを表す。はみ出さなければならないわけではないことに注意。

**問55**
□ □
交差点内で後方から緊急自動車が接近してきたことを知ったときは、ただちにその場に停止しなければならない。

**問56**
□ □
踏切を通過しようとするときは、まず踏切の直前で一時停止をし、自分の目だけで左右の安全を確かめれば十分である。

**問57**
□ □
オートマチック二輪車は、クラッチ操作がないぶん、スロットルを急に回転させると急発進する危険があるので注意する。

**問58**
□ □
高速道路の本線車道に入ってから道を間違ったことに気づいたので、他の車の妨げにならないように転回した。

**問59**
□ □
図7の標識は、普通自動車と自動二輪車に限って通行できないことを表している。

図7

**問60**
□ □
車を発進させるときは、ルームミラーやサイドミラーで周囲の安全を確認し、その他の死角部分は、目でよく見て確かめることが必要である。

**問61**
□ □
踏切の先が混雑しているときは、踏切の手前で停止して、踏切に入ってはならない。

**問62**
□ □
走行中にタイヤがパンクしたときは、まずハンドルをしっかりと握り、車の方向を立て直すように努める。

**問63**
□ □
対面する信号機は赤信号であったが、警察官が手信号で「進め」の合図をしたので、その手信号に従って進行した。

**問64**
□ □
こう配の急な道路の曲がり角付近で、「右側通行」の標示があるところでは、車は道路の中央から右側部分にはみ出して通行することができる。

**問65**
□ □
環状交差点に入った直後の出口を出る場合は、合図を行わない。

| 問55 | 交差点とその付近では、<u>交差点を避け</u>、道路の<u>左</u>側に寄り、<u>一時停止</u>して緊急自動車に進路を譲ります。 | P.35 暗記項目 **33** |
|---|---|---|
| ✕ | | |

| 問56 | <u>目</u>だけでは不十分なので、列車の来る音を<u>耳</u>で聞き、左右の安全を確かめるようにします。 | P.44 暗記項目 **43** |
|---|---|---|
| ✕ | | |

| 問57 | スロットルを急に回転させると、<u>急発進する</u>おそれがあるので十分注意します。 | ここで覚える！ |
|---|---|---|
| ◯ | | |

| 問58 | 高速道路の本線車道上では、<u>転回</u>や<u>後退</u>、<u>横断</u>が禁止されています。 | P.47 暗記項目 **50** |
|---|---|---|
| ✕ | | |

| 問59 | 図7は「<u>車両（組合せ）通行止め</u>」の標識で、<u>自動車</u>と<u>原動機付自転車</u>は通行できません。 | ここで覚える！ |
|---|---|---|
| ✕ | | |

| 問60 | ミラーで十分確認できない部分は、直接<u>自分の目で見て</u>確認する必要があります。 | ここで覚える！ |
|---|---|---|
| ◯ | | |

| 問61 | そのまま進むと<u>踏切内で停止する</u>おそれがあるときは、<u>踏切に進入</u>してはいけません。 | P.44 暗記項目 **43** |
|---|---|---|
| ◯ | | |

| 問62 | パンクしたときは、<u>ハンドル</u>をしっかりと握り、<u>車の向き</u>を立て直しながら、<u>徐々に</u>速度を落とします。 | P.58 暗記項目 **62** |
|---|---|---|
| ◯ | | |

| 問63 | 信号機の信号と警察官の手信号が異なるときは、<u>警察官の手信号</u>に従わなければなりません。 | ここで覚える！ |
|---|---|---|
| ◯ | | |

| 問64 | 「右側通行」の標示のある場所では、<u>対向車</u>に注意して、<u>右側</u>部分に<u>最小限</u>はみ出して通行できます。 | P.29 暗記項目 **24** |
|---|---|---|
| ◯ | | |

| 問65 | 直後の出口を出る場合は、その交差点に<u>入ったとき</u>に合図を行います。 | P.30 暗記項目 **27** |
|---|---|---|
| ✕ | | |

---

### 重要交通ルール解説

## 標識で普通自動車の通行が禁止されている場所

❶<u>通行止め</u>

❷<u>車両通行止め</u>

❸<u>二輪の自動車以外の自動車通行止め</u>

❹<u>車両（組合せ）通行止め</u>

❺<u>自転車専用</u>

❻<u>歩行者専用</u>

<u>歩行者専用</u>の標識のあるところでも、許可を受けた車は通行することができる。

**問66** 信号のある交差点では、前方の信号に従わなければならず、横の信号が赤になったからといって発進してはならない。

□ □

**問67** 二輪車に乗車するときは、ステップに土踏まずを乗せ、足先はブレーキペダルの上に置くと不用意に踏んでしまうおそれがあるので、ブレーキペダルの下に置くとよい。

□ □

**問68** 図8は、「右折禁止」の標識である。

□ □

図8

**問69** 免許を受けていても、免許の停止中または仮停止期間中に運転すると無免許運転になる。

□ □

**問70** オートマチック車のチェンジレバーは、前進は「D」、駐車は「P」に入れるのが正しい操作方法である。

□ □

**問71** 交通規則を守ることは運転者の基本であるが、自分本位ではなくお互いに譲り合うことも安全運転には大切である。

□ □

**問72** 車に働く遠心力は、カーブの半径が小さくなればなるほど大きく作用する。

□ □

**問73** 交通事故で負傷者がいるときは、負傷の程度にかかわらず、救急車が到着するまで動かしてはならない。

□ □

**問74** 夜間走行中、ガソリンスタンドなどの明るいところを通り過ぎたときは、一時的に視力が低下し、暗い部分の駐車車両や歩行者を見落とすことがあるので注意が必要である。

□ □

**問75** 舗装された山道では、雨の日に地盤が緩んで崩れることはないので、自動車（二輪のものを除く）は路肩に寄って走行してもよい。

□ □

**問76** 「警笛鳴らせ」の標識のある場所でも、警音器をむやみに使用すると迷惑になるので、やむを得ない場合以外は鳴らしてはならない。

□ □

**問66**

○

横の信号が赤でも前方の信号が青であるとは限らないので、前方の信号に従わなければなりません。

ここで覚える！

**問67**

×

足先はブレーキペダルを踏まないように注意して、その上に置きます。

P.13
暗記項目 11

**問68**

×

図8の標識は「車両横断禁止」を表し、右折禁止を意味するものではありません。

巻頭
試験に出る！重要標識・標示

**問69**

○

免許の停止中や仮停止期間中は免許がない状態なので、運転すると無免許運転になります。

ここで覚える！

**問70**

○

前進するときは「D（ドライブ）」、駐車するときは「P（パーキング）」に入れます。

ここで覚える！

**問71**

○

自分本位で運転するのではなく、歩行者や他の車に対して思いやりのある運転を心がけます。

ここで覚える！

**問72**

○

遠心力は、カーブの半径が小さくなる（急になる）ほど、大きく作用します。

P.12
暗記項目 8

**問73**

×

きれいなハンカチで止血するなど、可能な応急救護処置を行って、救急車の到着を待ちます。

P.58
暗記項目 63

**問74**

○

明るいところから急に暗いところを通ると、一時的に視力が低下して周囲が見えにくくなることがあります。

P.12
暗記項目 8

**問75**

×

路肩が崩れないとは限らないので、二輪を除く自動車は、路肩に寄って走行してはいけません。

ここで覚える！

**問76**

×

「警笛鳴らせ」の標識のある場所では、必ず警音器を鳴らして通らなければなりません。

P.29
暗記項目 26

---

重要交通ルール解説

## 車に働く自然の力

### ❶遠心力

速度の二乗に比例して大きくなる。また、カーブの半径が小さくなる（急になる）ほど大きくなる。

### ❷衝撃力

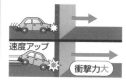

速度と重量に応じて大きくなる。また、固い物にぶつかるほど大きくなる。

### ❸制動距離

速度の二乗に比例して大きくなる。

※濡れたアスファルト路面を走るとき

タイヤと路面との摩擦抵抗が小さくなり、制動距離が長くなる。

---

101

**問77** □ □ 二輪車を運転中に大地震が発生して、やむを得ず道路上に車を置いて避難するときは、道路の左端に寄せて停止し、エンジンを止め、キーを携帯し、ハンドルロックをする。

**問78** □ □ 図9の標示は、「安全地帯」を表している。

図9

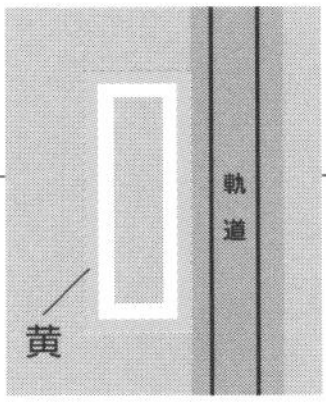

軌道

黄

**問79** □ □ 人の乗り降りや5分以内の荷物の積みおろしのための停止は、駐車にはならない。

**問80** □ □ 原動機付自転車で交差点を直進するときは、右折しようとする対向車の動きに注意しなければならない。

**問81** □ □ 運転に自信があれば、普通自動車に非常信号用具や停止表示器材を積んでおく必要はない。

**問82** □ □ 標識などで最高速度が時速20キロメートルに指定されていても、交通量の少ないときは、その速度を超えて運転してもよい。

**問83** □ □ 走行中に起こるハイドロプレーニング現象は、高速走行とはとくに関係がない。

**問84** □ □ 車両総重量が3,500キログラム未満、最大積載量が2,000キログラム未満の貨物自動車は、普通免許で運転することができる。

**問85** □ □ 図10の警察官の手信号は、矢印の方向の交通に対して、黄色の灯火信号と同じ意味を表している。

図10

**問86** □ □ 二輪車は機動性に富んでいるので、交通が混雑しているときは、車と車の間をぬうように運転してもよい。

**問87** □ □ 歩行者の多い場所では、警音器を鳴らしながら通るとよい。

| | | |
|---|---|---|
| 問77 |  エンジンキーは<u>付けた</u>ままにするか<u>運転席</u>などに置き、<u>ハンドルロック</u>をしないで避難します。 | P.58 暗記項目62 |
| 問78 |  図9は「<u>安全地帯</u>」を表す指示標示で、車は<u>黄色の枠内</u>に入ってはいけません。 | 巻頭 試験に出る!重要標識・標示 |
| 問79 |  人の乗り降りや5分以内の荷物の積みおろしのための停止は、<u>駐車</u>ではなく、停車になります。 | P.51 暗記項目52 |
| 問80 |  直進するときは、対向車が自車の存在に気づかずに<u>右折してくる</u>ことがあるので注意が必要です。 | ここで覚える! |
| 問81 |  万一の<u>事故</u>や<u>故障</u>に備え、非常信号用具や停止表示器材を<u>車に積んで</u>おきます。 | ここで覚える! |
| 問82 | 交通量にかかわらず、<u>指定された最高速度</u>を超えて運転してはいけません。 | P.23 暗記項目18 |
| 問83 | ハイドロプレーニング現象は、<u>雨に濡れた路面を高速走行した</u>ときに発生します。 | ここで覚える! |
| 問84 |  普通免許では、車両総重量3,500キログラム未満、最大積載量2,000キログラム未満の自動車を運転できます。 | P.9 暗記項目2 P.10 暗記項目4 |
| 問85 |  腕を頭上に上げた警察官の正面または背面に平行する交通は、<u>黄色の灯火信号</u>と同じ意味を表します。 | P.19 暗記項目17 |
| 問86 | 二輪車でも、車の間を<u>ぬって</u>走ったり、<u>ジグザグ</u>に運転したりしてはいけません。 | ここで覚える! |
| 問87 |  <u>警音器</u>は鳴らさずに、歩行者の通行を<u>妨げないように</u>速度を落として進行します。 | P.29 暗記項目26 |

## 重要交通ルール解説

### 駐車になる行為

❶故障などの<u>車の継続的な</u>停止

❷<u>人待ち</u>、<u>荷物待ち</u>による停止

❸<u>5分を超える荷物の積みおろし</u>のための停止

**問88**
☐ ☐ 高速道路の本線車道を走行するときの安全な車間距離は、同じ速度であれば、天候にかかわらずつねに一定である。

**問89**
☐ ☐ 道路に面したガソリンスタンドに入るときは、歩道や自転車道などを横切ることができるが、その直前で一時停止しなければならない。

**問90**
☐ ☐ 交差点で右折しようとするときは、対向車のかげから二輪車が直進してくる場合があるので、十分注意して通行しなければならない。

**問91**
雪道を時速20キロメートルで進行しています。どのようなことに注意して運転しますか？

☐ ☐ （1）このままの速度でハンドルを操作すると横滑りを起こすかもしれないので、子どもの前で止まってその通過を待つ。

☐ ☐ （2）このまま進むと子どもとの間に安全な間隔をあけられないので、子どもの直前でハンドルを右に切って進行する。

☐ ☐ （3）積雪している部分は雪が深く、右に避けることができないかもしれないので、子どもの手前で止まってその通過を待つ。

**問92**
渋滞している道路で助手席の同乗者が降車するときは、どのようなことに注意して運転しますか？

☐ ☐ （1）車が進み始めないうちに急いで降りるよう、同乗者に注意を促す。

☐ ☐ （2）左後方から二輪車が走行してくるかもしれないので、よく確認してからドアを開けるよう、同乗者に注意する。

☐ ☐ （3）車を左側に寄せ、停止させてから同乗者を降ろす。

**問88** ✕ 路面が滑りやすい状態などでは、車間距離を長くとらなければ危険です。

ここで覚える！

**問89** ◯ 歩行者や自転車の有無にかかわらず、歩道や自転車道の直前で一時停止しなければなりません。

P.29
暗記項目 **25**

**問90** ◯ 交差点を右折するときは、かげにいる二輪車が急に出てくることを予測して通行することが大切です。

ここで覚える！

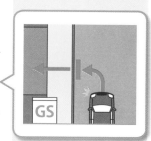

**問91**

**路面の状態と子どもの通行に注目！**
滑りやすい雪道では、タイヤの通った跡（わだち）から出るときにハンドルを取られるおそれがあります。子どもと接触しないように注意しましょう。

(1) ◯ 横滑りを起こすおそれがあるので、停止して子どもを通過させるのが安全です。

(2) ✕ 積雪している部分は雪が深く、安全に進路変更できないおそれがあります。

(3) ◯ 右に避けられないおそれがあるので、停止して子どもを通過させます。

**問92**

**左後方から来る二輪車に注目！**

同乗者を安全に車から降ろすのは、運転者の責任です。設問の場合、左後方から二輪車が接近しているので、急にドアを開けるのは危険です。

(1) ✕ 急にドアを開けると、二輪車が側方を通過して、ドアに接触するおそれがあります。

(2) ◯ 二輪車の接近に備え、同乗者に注意を与えます。

(3) ◯ 車を左側に寄せ、停止させてから同乗者を降ろすのが、最も安全な方法です。

**問93** 時速40キロメートルで進行しています。交差点を通行するときは、どのようなことに注意して運転しますか？

- □ □ （1）左側の車が先に交差点に入ってくるかもしれないので、その前に加速して通過する。

- □ □ （2）対向する二輪車が先に右折するかもしれないので、前照灯を点滅させ、そのまま進行する。

- □ □ （3）左側の車は、自車が通過するまで止まっていなければならないので、加速して通過する。

**問94** 歩行者用信号が青の点滅をしている交差点を左折するときは、どのようなことに注意して運転しますか？

- □ □ （1）後続車も左折であり、信号が変わる前に左折するため自車との車間距離をつめてくるかもしれないので、すばやく左折する。

- □ □ （2）歩行者や自転車が無理に横断するかもしれないので、その前に左折する。

- □ □ （3）横断歩道の手前で急に止まると、後続車に追突されるおそれがあるので、ブレーキを数回に分けて踏みながら減速する。

**問95** 進路の前方が工事現場で、対向車が直進してきます。どのようなことに注意して運転しますか？

- □ □ （1）対向車が来ているので、工事現場の手前で一時停止し、対向車が通過してから発進する。

- □ □ （2）工事現場から急に人が飛び出してくるかもしれないので、速度を落とし、注意しながら走行する。

- □ □ （3）急に止まると、後続車に追突されるかもしれないので、ブレーキを数回に分けて踏み、停止の合図をする。

### 問93　左側の四輪車と対向の二輪車に注目！

たとえ優先道路を走行していても、周囲の車は自車の進行を妨げないとは限りません。左側の四輪車や対向の二輪車の動きに注意が必要です。

**(1) ✕** 加速して通過しようとすると、左側の車と衝突するおそれがあります。

**(2) ✕** 前照灯を点滅させても二輪車が右折するおそれがあるので、速度を落とします。

**(3) ✕** 自車は優先道路を通行していますが、左側の車は自車に気づかずに出てくるおそれがあります。

### 問94　左前方の歩行者・自転車と後続車に注目！

歩行者や自転車が、急いで道路を横断するかもしれません。その動向に気を配り、後続車の存在にも注意して速度を落としましょう。

**(1) ✕** すばやく左折すると、横断してくる歩行者や自転車と衝突するおそれがあります。

**(2) ✕** 急いで横断してくる歩行者や自転車の進行を妨げてはいけません。

**(3) ◯** 後続車に注意しながら、ブレーキを数回に分けて踏み、減速します。

### 問95　前方の道路状況と対向車の存在に注目！

進路の前方は工事中で、対向車に進路を譲らなければなりません。後続車に注意して、対向車を通過させてから進行しましょう。

**(1) ◯** 工事現場の手前で一時停止して、対向車を先に行かせるのが安全です。

**(2) ◯** 工事現場の人の飛び出しなどに対しても、十分注意を払います。

**(3) ◯** 後続車に注意しながら、ブレーキを数回に分けて踏み、速度を落とします。

第**3**回

実戦
模擬テスト

問1～95を読み、正しいものは「○」、誤っているものは「×」と答えなさい。配点は問1～90が各1点、問91～95が各2点（3問とも正解の場合）。

制限時間
50分

合格点
90点以上

**問1** 普通自動車を運転するときの姿勢は、運転しやすければ体を斜めにしてもよい。

**問2** 自動車損害賠償責任保険（自賠責保険）証明書は大切な書類であるから、車の中には置かず、紛失しないように自宅に保管しておくのがよい。

**問3** 高速道路を走行中、故障などのためやむを得ない場合は、十分な幅のある路肩や路側帯に駐停車することができる。

**問4** 「仮免許練習中」の標識を表示している車は保護しなければならないので、その車を追い越してはならない。

**問5** 図1のような交差点を右折するとき、A車は矢印のように進路をとるのが正しい。

図1

**問6** 車のマフラーが破損していても走行にはとくに支障はないので、そのまま運転した。

**問7** ボールや子犬が進路に飛び出してきたときは、それを追ってくる子どもがいるかもしれないと予測して、飛び出しに十分注意しなければならない。

**問8** 片側3車線の道路の真ん中の通行帯を走行中、後方から緊急自動車が接近してきたが、右の車線があいていたので、そのまま進行した。

**問9** 二輪車を選ぶ場合、直線上を押して歩くことができれば、体格に合った車種といえる。

**問10** 高速道路から出るときは、速度計を見ると危険なので、自分の速度感覚に頼って減速するとよい。

を右ページに当て、解いていこう。重要語句もチェック！

| 正解 | ポイント解説 |
|---|---|

**問1**
✕
運転しやすくても、<u>体を斜め</u>にして運転してはいけません。
P.12
暗記項目 **9**

**問2**
✕
自賠責保険証明書は、<u>車に備えつけて</u>おかなければなりません。
P.9
暗記項目 **1**

**問3**
◯
故障などでやむを得ない場合は、十分な幅のある<u>路肩</u>や<u>路側帯</u>に駐停車できます。
P.47
暗記項目 **50**

**問4**
✕
「仮免許練習標識」を表示した車に対する<u>幅寄せ</u>や<u>割り込み</u>は禁止ですが、<u>追い越し</u>は禁止されていません。
P.34
暗記項目 **32**

**問5**
✕
右折するときは、<u>右側の車線に進路変更し、あらかじめ道路の中央に寄らな</u>ければなりません。
P.43
暗記項目 **39**

**問6**
✕
マフラーが破損した車は、<u>騒音</u>（そうおん）などで住民などに<u>迷惑</u>（めいわく）をかけるので、<u>運転し</u>てはいけません。
ここで覚える！

**問7**
◯
子どもの<u>急な飛び出し</u>に備え、速度を落として進行します。
ここで覚える！

**問8**
✕
<u>左側の車線に移って</u>、緊急自動車に進路を譲（ゆず）<u>らなければなりません</u>。
P.35
暗記項目 **33**

**問9**
✕
二輪車は、"<u>8の字形</u>"に押して歩いたり、<u>またがったり</u>して、車種を選定します。
ここで覚える！

**問10**
✕
高速走行後は<u>速度感覚が鈍（にぶ）っているの</u>で、<u>速度計を見て確認しながら減速し</u>ます。
ここで覚える！

---

！重要交通ルール解説

## 右左折の方法

### ❶左折の方法

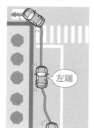

あらかじめできるだけ道路の<u>左端</u>に寄り、交差点の側端に沿って<u>徐行</u>しながら通行する。

### ❷右折の方法（小回り）

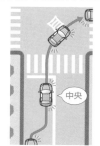

あらかじめできるだけ道路の<u>中央</u>に寄り、交差点の中心の<u>すぐ内側</u>を通って<u>徐行</u>しながら通行する。

### ❸一方通行の道路での右折方法

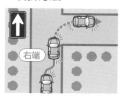

あらかじめできるだけ道路の<u>右端</u>に寄り、交差点の中心の<u>内側</u>を通って<u>徐行</u>しながら通行する。

第3回 実戦模擬テスト

109

**問11** □ □ 二輪車で二人乗りをするときは、同乗者が運転者の意思に反した動きをする可能性があるので、十分注意して運転する。

**問12** □ □ 坂道では、下りの車が上りの車に道を譲るのが原則である。

**問13** □ □ 夜間、室内灯をつけたまま走行すると、前方が見えにくくなるので、バス以外の自動車は走行中に室内灯をつけないようにする。

**問14** □ □ 図2のような道路で、Bの車両通行帯を通行する車は、Aの車両通行帯へ進路を変えることはできない。

図2

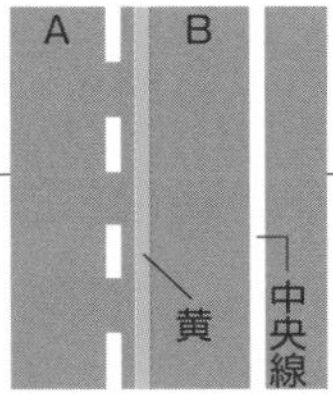

**問15** □ □ 他の車をけん引している場合は、その車の構造に関係なく、高速自動車国道を通行することができる。

黄　中央線

**問16** □ □ 二輪車のハンドルを変形にしても、運転の妨げにならなければ、変形ハンドルに改造してもかまわない。

**問17** □ □ 高速道路を走行中は、左側の白線を目安にして、車両通行帯のやや左寄りを通行すると、後方の車が追い越す場合に十分な間隔がとれて、接触事故の防止に役立つ。

**問18** □ □ 雪道や凍っている道路での運転は、スノータイヤやタイヤチェーンを取り付けていても、速度を落として十分な車間距離を保つように心がける。

**問19** □ □ 車の死角は、小型車より大型車、乗用自動車より貨物自動車のほうが大きくなり、また貨物を積んでいるときは、さらにその積載物に影響される。

**問20** □ □ 二輪車でぬかるみを走行するときは、ハンドルを切ったりしないで、スロットルで速度を一定に保ち、バランスをとって走行する。

**問21** □ □ 高速道路は、エンジンの総排気量が50ccを超えていれば、総排気量125cc以下の普通自動二輪も通行することができる。

**問11**

〇 二人乗りは、運転者と同乗者が一体となった運転をすることが大切です。

ここで覚える！

**問12**

〇 上りは発進が難しいので、下りの車が上りの車に道を譲ります。

P.45 暗記項目 **46**

**問13**

〇 バス以外の車は、夜間、室内灯をつけずに運転します。

ここで覚える！

**問14**

〇 黄色の線が引かれた側からは進路変更禁止なので、BからAへは進路変更できません（AからBは進路変更可）。

P.30 暗記項目 **28**

**問15**

✕ トレーラー（けん引自動車）など、けん引する構造と装置のある車以外は、高速自動車国道を通行できません。

ここで覚える！

**問16**

✕ 変形ハンドルは運転の妨げとなって危険なので、禁止されています。

ここで覚える！

**問17**

〇 高速道路は、左側の白線を目安にして、車両通行帯の左寄りを通行します。

ここで覚える！

**問18**

〇 スノータイヤやチェーン装着車でも、スリップするおそれがあるので、十分注意して運転することが大切です。

ここで覚える！

**問19**

〇 車の死角は、車体が大きくなるほど大きくなります。

ここで覚える！

**問20**

〇 ぬかるみはバランスを崩しやすいので、十分注意して走行します。

ここで覚える！

**問21**

✕ エンジンの総排気量が125cc以下の普通自動二輪車は、高速道路を通行できません。

P.46 暗記項目 **48**

---

**重要交通ルール解説**

## 進路変更の制限

**❶後続車が急ブレーキや急ハンドルで避けなければならないようなとき**

車は、進路変更してはいけない。

**❷車両通行帯が黄色の線で区画されているとき**

車は、黄色の線を越えて進路変更してはいけない。ただし、自分の通行帯側に白の区画線があれば、進路変更できる。

111

**問22** □ □ 助手席にエアバッグが備えられている車に、やむを得ず助手席に幼児を乗せるときは、座席をできるだけ前方に出し、チャイルドシートを取り付けるとよい。

**問23** □ □ 図3の標識は、この先に横断歩道があることを表している。

図3

黄

**問24** □ □ 違法駐車をして放置車両確認標章を取り付けられたとき、車の使用者は標章を勝手に取り除いてはならない。

**問25** □ □ 高速道路を時速100キロメートルで走行するときの車間距離の目安は、約50メートルである。

**問26** □ □ 時間制限駐車区間では、パーキングメーターが車を感知したとき、またはパーキングチケットの発給を受けたときから、標識に表示されている時間を超えて駐車してはならない。

**問27** □ □ 自転車横断帯を自転車が横断していたので、徐行の速度に落とし、注意して進行した。

**問28** □ □ 発炎筒などの非常信号用具を車に備えつけなければならないと義務づけられているのは、事業用自動車だけである。

**問29** □ □ 左側部分の幅が6メートル未満の見通しのよい道路では、追い越しが禁止されている場合や対向車がある場合を除き、道路の中央から右側部分にはみ出して追い越しをすることができる。

**問30** □ □ 二輪車を運転するとき、運転する距離が短い場合や、ひんぱんに乗り降りする場合は、乗車用ヘルメットの着用を免除される。

**問31** □ □ 自動二輪車は、図4の標識のある道路を通行することができない。

図4

**問32** □ □ 前車を追い越すときは、前車が右折のため道路の中央（一方通行路では右端）に寄って通行している場合を除き、その右側を通行しなければならない。

**問22** ✕ チャイルドシートは、座席をできるだけ後ろまで下げ、前向きにして取り付けます。

ここで覚える！

**問23** ✕ 図3は「学校、幼稚園、保育所などあり」の警戒標識で、横断歩道があることを表すものではありません。

巻頭 試験に出る！ 重要標識・標示

**問24** ✕ 車の使用者は、放置車両確認標章を取り除くことができます。

P.53 暗記項目 **57**

**問25** ✕ 乾燥した路面でタイヤが新しい場合は、速度と同等以上の距離（100メートル以上）が必要です。

ここで覚える！

**問26** ○ 時間制限駐車区間では、指定された時間を超えて駐車してはいけません。

ここで覚える！

**問27** ✕ 自転車が横断しているときは、その手前で停止して、進路を譲らなければなりません。

P.33 暗記項目 **30**

**問28** ✕ 自家用の普通乗用自動車なども、非常信号用具を車に備えつけておく必要があります。

ここで覚える！

**問29** ○ 片側の幅が6メートル未満の道路では、原則として右側部分にはみ出して追い越すことができます。

P.29 暗記項目 **24**

**問30** ✕ 短い距離やひんぱんに乗り降りする場合でも、必ず乗車用ヘルメットを着用しなければなりません。

P.13 暗記項目 **11**

**問31** ✕ 図4は「自動車専用」の標識です。高速道路を表すので、125ccを超える自動二輪車は通行できます。

P.46 暗記項目 **47**

**問32** ○ 車を追い越すときは、前車の右側を通行するのが原則です。

ここで覚える！

---

重要交通ルール解説

## 道路の右側部分にはみ出して通行することができるとき

**❶道路が一方通行になっているとき**

**❷工事などで左側に通行するための十分な道幅がないとき**

**❸左側部分の幅が6メートル未満の見通しのよい道路で追い越しをするとき（標識などで禁止されている場合を除く）**

6メートル未満

**❹「右側通行」の標示があるとき**

右側通行の標示

第3回 実戦模擬テスト

**問33**
☐ ☐
普通貨物自動車は、1日1回、運転前に日常点検を必ず行わなければならない。

**問34**
☐ ☐
自動車の乗車定員は、自動車検査証に記載されている定員に運転者を加えた人数である。

**問35**
☐ ☐
二輪車のブレーキ操作には、前輪と後輪のブレーキを同時にかける方法と、スロットルの戻しやシフトダウンによるエンジンブレーキがある。

**問36**
☐ ☐
普通貨物自動車に荷物を積むときは、自動車の長さの1.2倍までであれば、はみ出すことができる。

**問37**
☐ ☐
横断歩道や自転車横断帯に近づいたとき、横断する人や自転車がいないことが明らかな場合は、その手前30メートル以内の場所で追い越しをしてもよい。

**問38**
☐ ☐
速度制限や積載制限は、交通公害を防ぐことには関係がない。

**問39**
☐ ☐
自動二輪車や原動機付自転車の荷台には、どちらも60キログラムまで荷物を積むことができる。

**問40**
☐ ☐
普通自動車でブレーキをかけるときは、クラッチペダルとブレーキペダルを同時に踏むのがよい。

**問41**
☐ ☐
図5の2つの警察官の灯火信号は、矢印の方向の交通に対して、どちらも同じ意味を表している。

図5

**問42**
☐ ☐
車は、他の車の前方に急に割り込んだり、並進している車に幅寄せをしたりしてはならない。

**問43**
☐ ☐
自賠責保険や責任共済の強制保険に加入しなければならないのは自動車だけで、原動機付自転車は加入の義務はない。

**問33**
⭕ 普通貨物自動車の日常点検は、<u>1日1回</u>、<u>運行前</u>に行わなければなりません。
P.11  暗記項目 **6**

**問34**
❌ 自動車検査証に記載された乗車定員は<u>運転者も含まれる</u>ので、乗車定員を超えて乗せられません。
P.10 暗記項目 **5**

**問35**
⭕ 二輪車には、<u>前輪ブレーキ</u>、<u>後輪ブレーキ</u>、<u>エンジンブレーキ</u>の3種類のブレーキの操作法があります。
ここで覚える！

**問36**
⭕ 荷物は、自動車の長さの<u>1.2</u>倍までであればはみ出して積むことができ、はみ出し方は<u>左右10分の1</u>までです。
P.10  暗記項目 **5**

**問37**
❌ 歩行者などの<u>有無</u>に関係なく、横断歩道や自転車横断帯とその手前30メートル以内の場所では<u>追い越し禁止</u>です。
P.40 暗記項目 **38**

**問38**
❌ 速度制限や積載制限は、<u>騒音</u>や<u>振動</u>などの<u>交通公害の防止</u>に役立ちます。
ここで覚える！

**問39**
❌ 積載制限は、自動二輪車は<u>60</u>キログラム以下ですが、原動機付自転車は<u>30</u>キログラム以下です。
P.10 暗記項目 **5**

**問40**
❌ <u>エンジンブレーキを効かせるため、クラッチペダルは踏まずに、まずブレーキペダルを踏みます。</u>
ここで覚える！

**問41**
⭕ 身体の正面または背面に対面する交通は、どちらも<u>赤色の灯火信号</u>と同じ意味を表します。
P.19  暗記項目 **17**

**問42**
⭕ 幅寄せや割り込みは<u>危険</u>なので、<u>してはいけません。</u>
ここで覚える！

**問43**
❌ 原動機付自転車も、<u>強制保険には加入</u>しなければなりません。
ここで覚える！

---

📙 **重要交通ルール解説**

## 警察官などの手信号・灯火信号の意味

### ❶腕を水平に上げる

身体の正面（背面）に平行する交通は青色の灯火信号と同じ、対面する交通は、赤色の灯火信号と同じ。

### ❷腕を垂直に上げる

身体の正面（背面）に平行する交通は黄色の灯火信号と同じ、対面する交通は、赤色の灯火信号と同じ。

### ❸灯火を横に振る

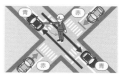

身体の正面（背面）に平行する交通は青色の灯火信号と同じ、対面する交通は、赤色の灯火信号と同じ。

### ❹灯火を頭上に上げる

身体の正面（背面）に平行する交通は黄色の灯火信号と同じ、対面する交通は、赤色の灯火信号と同じ。

**問44**
☐ ☐
こう配の急な坂道は、上りも下りも追い越しが禁止されている。

**問45**
☐ ☐
曲がり角やカーブでは、対向車が中央線をはみ出してくることがあるので、できるだけ道路の左側を通行する。

**問46**
☐ ☐
仮免許を受けた人が練習のために普通自動車を運転するときは、その車を運転できる第一種免許を3年以上受けている人や、第二種免許を受けている人を乗せて指導を受けなければならない。

**問47**
☐ ☐
交通事故を起こしても、負傷者がいない場合は、警察官に事故報告する必要はない。

**問48**
☐ ☐
標識や標示によって速度制限されていない一般道路では、普通自動車が追い越しのために出せる速度は時速60キロメートルまでである。

**問49**
☐ ☐
右折または転回するときの合図は、その行為をしようとする地点から30メートル手前に達したときに行う。

**問50**
☐ ☐
図6のマークは、聴覚に障害のある人が表示する「聴覚障害者マーク」である。

図6

**問51**
☐ ☐
車が横断、転回、後退することは、交通の流れにさからう運転になるので、歩行者や他の車の正常な交通を妨げないように、十分注意する必要がある。

**問52**
☐ ☐
大型自動二輪車や普通自動二輪車は、路線バス等の専用通行帯を通行することができる。

**問53**
☐ ☐
交通事故が起きたときは、運転者や乗務員は事故が発生した場所、負傷者数や負傷の程度、物の損壊程度などを報告しなければならないが、積載物については報告する必要はない。

**問54**
☐ ☐
車の右側の道路上に3.5メートル以上の余地がなくなる場所でも、荷物の積みおろしで運転者がすぐに運転できる状態のときは駐車してもよい。

**問44** ✕ 追い越しが禁止されているのは、こう配の急な下り坂で、上り坂での追い越しはとくに禁止されていません。
P.40 暗記項目 38

**問45** ◯ 曲がり角やカーブでは、対向車のはみ出しに注意して、道路の左側を通行します。
ここで覚える!

**問46** ◯ 仮免許で運転練習する人は、設問の有資格者を乗せなければなりません。
ここで覚える!

**問47** ✕ 交通事故を起こしたときは、負傷者の有無にかかわらず、警察官に報告しなければなりません。
P.58 暗記項目 63

**問48** ◯ 普通自動車の一般道路での法定速度は時速60キロメートルなので、追い越しも時速60キロメートル以下で行います。
P.23 暗記項目 18

**問49** ◯ 右折や転回の合図は、その行為をする30メートル手前の地点で行います。
P.30 暗記項目 27

**問50** ✕ 図6は聴覚障害者マークではなく、身体に障害のある人が表示する「身体障害者マーク」です。
P.34 暗記項目 32

**問51** ◯ 横断、転回、後退は、とくに周囲の交通に注意して行わなければなりません。
ここで覚える!

**問52** ✕ 自動二輪車は、右左折や工事などでやむを得ない場合を除き、専用通行帯を通行してはいけません。
P.35 暗記項目 34

**問53** ✕ 二次災害防止のため、積載物についても報告しなければなりません。
ここで覚える!

**問54** ◯ 設問の場合や、傷病者の救護のためやむを得ない場合は、3.5メートル以上の余地がとれなくても駐車できます。
P.52 暗記項目 55

---

重要交通ルール解説

## 追い越し禁止場所

❶「追越し禁止」の標識（下図）がある場所

追越し禁止

❷道路の曲がり角付近

❸上り坂の頂上付近

❹こう配の急な下り坂

❺トンネル（車両通行帯がある場合を除く）

❻交差点と、その手前から30メートル以内の場所（優先道路を通行している場合を除く）

❼踏切と、その手前から30メートル以内の場所

❽横断歩道や自転車横断帯と、その手前から30メートル以内の場所

※「追越しのための右側部分はみ出し通行禁止」の標識・標示

標識

標示

道路の右側部分にはみ出す追い越しが禁止されている。

**問55** □□ シートベルトは、助手席に乗せる人には着用させなければならないが、後部座席に乗せる人には着用させなくてもよい。

**問56** □□ 火災報知機から1メートル以内の場所は、人の乗り降りのためでも、車を止めてはならない。

**問57** □□ 内輪差は、大型自動車には生じるが、普通自動車には生じない。

**問58** □□ 自家用の普通乗用自動車は、走行距離や運行時の状況によって適切な時期に点検整備をする日常点検のほかに、1年に1回の定期点検整備を実施しなければならない。

**問59** □□ 図7の中央線があるところでは、追い越しのために道路の右側部分にはみ出して通行することができない。

図7

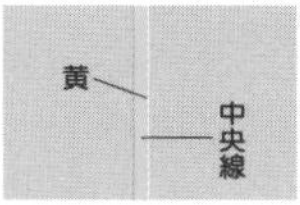

黄　　中央線

**問60** □□ 乗り降りのために停止している通学・通園バスのそばを通るときは、一時停止して安全を確かめなければならない。

**問61** □□ 車のドアを閉めるときは、半ドアを防ぐため、途中で止めずに一気に行うようにする。

**問62** □□ 右左折や進路変更の合図は、その行為が終了して約3秒後にやめなければならない。

**問63** □□ フットブレーキが故障したときは、すべてのブレーキが効かなくなるので、ハンドブレーキを使っても効果はない。

**問64** □□ 前方の交差点が混雑しているときは、横断歩道や自転車横断帯の上に停止してもやむを得ない。

**問65** □□ 路面が雨に濡れ、タイヤがすり減っているときの停止距離は、乾燥した路面でタイヤの状態がよい場合に比べて、2倍程度に長くなることがある。

**問55** 運転者は、同乗する人すべてにシートベルトを着用させなければなりません（病気などでやむを得ない場合を除く）。 P.12 暗記項目 **10**

**問56** 設問の場所での停車は禁止されていないので、人の乗り降りのための停車はすることができます。 P.51 暗記項目 **52** 暗記項目 **53**

**問57** 車の大小の差はあっても、曲がるときは内輪差を生じます。 ここで覚える!

**問58** 自家用の普通乗用自動車は、適切な時期に日常点検、1年ごとに定期点検を行わなければなりません。 P.11 暗記項目 **6** 暗記項目 **7**

**問59** 黄色の中央線は、「追越しのための右側部分はみ出し通行禁止」を表します。 P.39 暗記項目 **37**

**問60** 必ずしも一時停止する必要はなく、徐行して安全を確かめます。 ここで覚える!

**問61** 一気に閉めると半ドアになりやすいので、閉まる直前で一度止め、力を入れて閉めるようにします。 ここで覚える!

**問62** 合図は、約3秒後ではなく、その行為が終了したらすみやかにやめなければなりません。 ここで覚える!

**問63** フットブレーキが故障しても、ハンドブレーキやエンジンブレーキが使えなくなるとは限りません。 ここで覚える!

**問64** 横断歩道などの上に停止すると、歩行者などの通行を妨げるおそれがあるので、停止してはいけません。 ここで覚える!

**問65** 路面やタイヤの状態が悪いと、停止距離が長くなります。 P.23 暗記項目 **19**

---

### 重要交通ルール解説

## 駐車禁止場所

❶「駐車禁止」の標識や標示（下図）がある場所

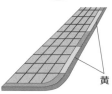

黄

❷火災報知機から1メートル以内の場所

❸駐車場、車庫などの自動車用の出入口から3メートル以内の場所

❹道路工事の区域の端から5メートル以内の場所

❺消防用機械器具の置場、消防用防火水槽、これらの道路に接する出入口から5メートル以内の場所

❻消火栓、指定消防水利の標識（下図）が設けられている位置や、消防用防火水槽の取入口から5メートル以内の場所

消防水利

**問66** 警察官が交差点で両腕を横に水平に上げている手信号をしているとき、身体の正面に対面する車は停止線で停止しなければならない。

**問67** 運転中、他の車や歩行者に進路を譲るときは、手ではっきりと合図を行うとよい。

**問68** 踏切の直前で警報機が鳴り始めたので、急いで踏切内に入り、加速して通過した。

**問69** 後方から見て、図8の二輪車の手による合図は、左折または進路を左に変えることを表している。

図8

**問70** 交差点の手前で車両通行帯が黄色の線で区画されているところでも、交差点を右折や左折するためであれば、黄色の線を越えて進路変更してもよい。

**問71** 標識は本標識と補助標識に分けられ、本標識には規制・指示・警戒・案内標識の4種類がある。

**問72** 高速道路の本線車道を走行中、分岐点で行き先を間違えて行き過ぎたので、後方の安全を確認しながら分岐点まで後退した。

**問73** 自動車の運転者は、沿道で生活をしている人々に対して、不愉快な騒音などで迷惑をかけないようにしなければならない。

**問74** 停止距離は、路面の状態に関係なく、ブレーキの踏み方や速度によって決まる。

**問75** 二輪車で曲がり角やカーブを走行するとき、カーブの途中ではスロットルで速度を加減しながら曲がるとよい。

**問76** 停留所で停止していた路線バスが方向指示器で発進の合図をしたので、後方で一時停止してバスを先に発進させた。

**問66**

○ 身体の正面に対面する車は赤色の灯火信号と同じ意味を表すので、停止しなければなりません。

P.19 暗記項目17

**問67**

○ 自分の意思を伝えるため、手ではっきりと合図を行います。

ここで覚える!

**問68**

× 警報機が鳴り始めたときは、踏切内に入ってはいけません。

ここで覚える!

**問69**

× 左腕のひじを上に曲げる二輪車の合図は、右折や転回、または右に進路を変えることを表します。

P.30 暗記項目27

**問70**

× 交差点を右左折するためでも、黄色の線を越えて進路変更してはいけません。

P.30 暗記項目28

**問71**

○ 規制・指示・警戒・案内標識の4種類が本標識になります。

P.17 暗記項目13

**問72**

× 高速道路の本線車道での後退は、危険なので禁止されています。

P.47 暗記項目50

**問73**

○ 沿道の住民のことを考え、迷惑をかけない運転を心がけることが大切です。

ここで覚える!

**問74**

× 路面の状態が悪いと、停止距離が長くなります。

P.23 暗記項目19

**問75**

○ カーブの途中は、ブレーキをかけずに、スロットルで速度を調整しながら曲がります。

ここで覚える!

**問76**

○ やむを得ない場合を除き、一時停止するなどして、バスの発進を妨げてはいけません。

ここで覚える!

---

重要交通ルール解説

## 踏切を通過するときの注意点

### ❶遮断機が下り始めているとき、警報機が鳴っているとき

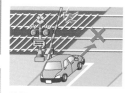

踏切に入ってはいけない。

### ❷踏切に信号機があるとき

その信号に従う。青信号のときは、一時停止する必要はなく、安全を確かめて通過できる。

### ❸踏切を通過するとき

やや中央寄り

落輪しないように、踏切のやや中央寄りを通過する。

### ❹踏切内では

歩行者、対向車に注意

歩行者や対向車に注意して通過する。

**問77** 二輪車のブレーキは前輪の制動力が強いので、ブレーキレバーのあそびがなくなるように調整する。

□ □

**問78** 図9の標識は、時速30キロメートルに達しない速度で走行してはならないことを表している。

□ □

図9

**(30)**

**問79** 運転中に眠気を感じたら、窓を開け、ラジオを聞くなどして気分転換をすれば、そのまま走行し続けてもよい。

□ □

**問80** 駐車している車を発進させるときは、発進の合図を出すとともに、右後方および周囲の安全を確認し、他の交通に迷惑をおよぼさないようにする。

□ □

**問81** 遮断機が上がった直後の踏切は、すぐに列車が来ることはないので、安全確認をせずに通過した。

□ □

**問82** 一般道路の路側帯は、すべて駐停車が禁止されている。

□ □

**問83** 普通免許では、普通自動車のほかに、普通自動二輪車、小型特殊自動車、原動機付自転車を運転することができる。

□ □

**問84** 駐車ブレーキレバーの引きしろ（踏みしろ）は、レバーをいっぱいに引いた（踏んだ）とき、引きしろ（踏みしろ）が多すぎたり、少なすぎたりしてはならない。

□ □

**問85** 図10の標識のあるところでは、車を道路の端に対して斜めに駐車してはならない。

□ □

図10

斜め駐車

**問86** 災害が発生し、災害対策基本法による交通規制が行われたとき、すみやかな移動が困難な場合は、できるだけ道路の左端に沿って駐車するなど、緊急自動車の妨げにならない方法をとる。

□ □

**問87** 交差点を左折するときは、左側を通行する二輪車などに十分注意しなければならない。

□ □

**問77** 二輪車のブレーキには、適度なあそびが必要です。
×
ここで覚える！

**問78** 図9は「最低速度」を表しているので、時速30キロメートルに達しない速度で走行してはいけません。
○
ここで覚える！

**問79** 眠気を感じたら運転を続けるのは危険です。早めに休息をとり、眠気をさましてから運転します。
×
P.9
暗記項目 **1**

**問80** バックミラーなどで周囲の安全を確かめてから発進します。
○
ここで覚える！

**問81** 遮断機が上がった直後でも、必ず一時停止して、安全を確認しなければなりません。
×
ここで覚える！

**問82** 0.75メートルを超える白線1本の路側帯は、中に入り、左側に0.75メートル以上の余地をあけて駐停車できます。
×
P.52
暗記項目 **56**

**問83** 設問の車のうち、普通自動二輪車は普通免許では運転できません。
×
P.10
暗記項目 **4**

**問84** 駐車ブレーキレバーの引きしろ（踏みしろ）は、多すぎても少なすぎてもいけません。
○
ここで覚える！

**問85** 図10は「斜め駐車」の標識で、車を道路の端に対して斜めに駐車しなければならないことを表します。
×
ここで覚える！

**問86** 移動が困難な状況の場合は、緊急自動車の妨げにならない方法で駐車しなければなりません。
○
ここで覚える！

**問87** 左側を通行する二輪車の巻き込みや接触に注意して左折します。
○
ここで覚える！

---

**重要交通ルール解説**

## 踏切の通過方法

**1**

踏切の直前（停止線があるときはその直前）で一時停止し、自分の目と耳で左右の安全を確認する。

**2**

踏切の向こう側に自分の車が入れる余地があるかどうかを確認してから発進する。

**3**

低速ギア

エンストを防止するため、発進したときの低速ギアのまま一気に通過する。

**問88** 道路に面した場所に出入りするために歩道や路側帯を横切るとき、歩行者や自転車が明らかにいない場合は、その直前で一時停止する必要はない。

□ □

**問89** 交差点内を通行中、緊急自動車が近づいてきたので、交差点内の左側に寄って進路を譲った。

□ □

**問90** 自動車を運転するときは、交通事故に備え、必要な応急救護処置の知識を身につけるだけでなく、万一の事故に備え、三角巾、ガーゼ、包帯などを車に用意しておくとよい。

□ □

**問91** 時速50キロメートルで進行しています。後続車が追い越しをしようとしているときは、どのようなことに注意して運転しますか？

□ □ (1)後続車は前車との間に入ってくるので、やや加速して前車との車間距離をつめて進行する。

□ □ (2)対向車が近づいており、追い越しは危険なので、やや加速して右側に寄り、後車に追い越しをさせないようにする。

□ □ (3)対向車が近づいており、後車は自車の前に入ってくるかもしれないので、速度を落とし、前車との車間距離をあける。

**問92** 交差点を右折するため時速10キロメートルまで減速しました。どのようなことに注意して運転しますか？

□ □ (1)前方の自転車は、右側の横断歩道を横断すると思われるので、交差点の中心付近で一時停止して、その通過を待つ。

□ □ (2)対向車のかげで前方の状況がよくわからないので、二輪車などが出てこないか、少し前に出て一時停止し、安全を確認する。

□ □ (3)右側の横断歩道は自車の照らす前照灯の範囲外なので、その全部をよく確認する。

**問88** 歩道や路側帯を横切るときは、歩行者や自転車がいない場合でも、その直前で一時停止しなければなりません。

P.29
暗記項目 **25**

**✕**

**問89** 交差点から出て、道路の左側に寄って一時停止しなければなりません。

P.35
暗記項目 **33**

**✕**

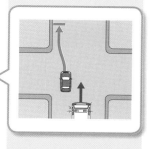

**問90** 万一の事故に備え、必要な応急救護処置の知識を身につけ、設問のような用具を携行しておきます。

ここで覚える!

**○**

**問91**

### 対向車と後続車に注目！

後続車が追い越しを始めたときは、追い越しを開始してはいけません。また、対向車がいるので、後続車の追い越し後の進路も考えて進行します。

(1) 車間距離をつめると後続車の行き場がなくなり、対向車と衝突するおそれがあります。

**✕**

(2) 左側に寄って、後続車が安全に追い越しができるようにします。

**✕**

(3) 後続車の追い越しに備え、速度を落とし、前車との車間距離をあけます。

**○**

**問92**

### 自転車と対向車のかげに注目！

対向車のかげから二輪車などが出てくるかもしれません。また、自転車が横断歩道を横断することも考えられるので、動きをよく観察しましょう。

(1) 交差点の中心付近で一時停止して、自転車の通過を待ちます。

**○**

(2) 対向車のかげから二輪車などが出てくるおそれがあるので、安全を確認します。

**○**

(3) 自車の前照灯の範囲外についても、よく確認します。

**○**

**問93** 対向車線が渋滞しています。どのようなことに注意して運転しますか？

□ □ （1）車の間や交差点から歩行者が飛び出してくるかもしれしないので、減速して走行する。

□ □ （2）対向する二輪車が右折の合図を出しており、交差点で衝突するおそれがあるので、前照灯を点滅させ、そのまま進行する。

□ □ （3）左側の二輪車が急に左折して進路に入ってくるおそれがあるので、その前に加速して交差点を通過する。

**問94** 時速40キロメートルで進行中、坂の頂上にさしかかったときは、どのようなことに注意して運転しますか？

□ □ （1）上り坂の先は急カーブになっており、ガードレールに衝突する危険性があるので、速度を十分落として進行する。

□ □ （2）上り坂の頂上付近では、速度が下がり失速するおそれがあるので、一気に加速して進行する。

□ □ （3）上り坂の頂上付近は見通しが悪く、対向車がいるかもしれないので、先の様子が見えるまで、速度を十分落として進行する。

**問95** 交差点を右折するため、時速15キロメートルまで減速しました。どのようなことに注意して運転しますか？

□ □ （1）対向する四輪車と二輪車では、二輪車が先行してくると思われるので、警音器を鳴らし、加速して二輪車よりも先に右折する。

□ □ （2）対向する四輪車との距離は十分であると思われるので、先に右折する。

□ □ （3）対向する四輪車と二輪車では、二輪車が先行してくると思われるので、二輪車が通過したあとすぐに右折する。

### 問93 左側の二輪車と対向車のかげに注目！

対向車線は渋滞していて、車のかげから人が急に飛び出してくるかもしれません。左側と対向車線の二輪車の動きにも注意が必要です。

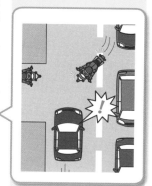

| | |
|---|---|
| (1) ○ | 歩行者が急に飛び出してくるおそれがあるので、減速して走行します。 |
| (2) ✕ | そのまま進むと対向の二輪車が右折してきて、衝突するおそれがあります。 |
| (3) ✕ | 加速して進むと、左側の二輪車が急に左折してきたときに衝突するおそれがあります。 |

### 問94 上り坂の頂上付近と警戒標識に注目！

上り坂の頂上付近は、徐行場所に指定されています。また、この先はカーブがあるので、対向車の接近にも注意しましょう。

| | |
|---|---|
| (1) ○ | この先にカーブがあるという警戒標識があるので、速度を十分落とします。 |
| (2) ✕ | 坂の頂上付近は徐行場所に指定されているので、すぐ止まれる速度に落として進行します。 |
| (3) ○ | 対向車がいるおそれがあるので、速度を十分落として進行します。 |

### 問95 対向する二輪車と四輪車に注目！

二輪車は遠くに見えていても、思ったより早く接近してくるおそれがあります。後ろには四輪車も接近しているので、無理に右折するのは危険です。

| | |
|---|---|
| (1) ✕ | 警音器は鳴らさずに、二輪車や四輪車の進行を妨げないようにします。 |
| (2) ✕ | 四輪車は加速していて、すぐに接近してくるおそれがあります。 |
| (3) ✕ | 二輪車が通過しても、四輪車がすぐ接近してくるおそれがあります。 |

127

第4回
実戦
模擬テスト

問1～95を読み、正しいものは「○」、誤っているものは「×」と答えなさい。配点は問1～90が各1点、問91～95が各2点（3問とも正解の場合）。

制限時間
50分

合格点
90点以上

---

**問1** 交差点や横断歩道の手前に表示されている停止線は、車の停止位置の目安であるから、停止線を越えて停止しても問題はない。

□ □

---

**問2** 雪道での運転は、乾燥（かんそう）したアスファルト道路に比べて停止距離が長くなるので、つねに速度を控えめにした運転を心がけるべきである。

□ □

---

**問3** 踏切内で車が動かなくなったときは、踏切にある非常ボタンや発炎筒（はつえんとう）などを使い、できるだけ早く列車の運転士に合図をする。

□ □

---

**問4** 通行に支障（ししょう）のある高齢者が歩いているときは、一時停止か徐行（じょこう）をして、高齢者が安全に通行できるようにしなければならない。

□ □

---

**問5** 図1の標識は、近くに学校や幼稚園、保育所などがあることを表している。

□ □

図1

---

**問6** 最大積載量（せきさい）が3,000キログラムの貨物自動車は、普通免許で運転することができる。

□ □

---

**問7** 運転免許証を紛失（ふんしつ）しても、運転資格が失われたことにはならないので、再交付（こうふ）される前に運転してもかまわない。

□ □

---

**問8** 歩行者のそばを通過するときは、歩行者との間に安全な間隔（かんかく）をあけるか徐行しなければならないが、歩行者が路側帯（ろそくたい）にいるときはその必要はない。

□ □

---

**問9** 車がカーブで横転（おうてん）したり道路外へ飛び出したりする原因の多くは、スピードの出しすぎである。

□ □

---

**問10** 交通整理が行われていない道路の交差点で右折する原動機付自転車は、自動車と同じ小回りの方法で右折する。

□ □

---

赤シートを右ページに当て、解いていこう。重要語句もチェック！

| 正解 | ポイント解説 |
|---|---|

**問1**
✕
停止線は停止するときの<u>停止位置</u>を示しているので、<u>停止線の直前</u>で停止します。

ここで覚える！

**問2**
◯
雪道は路面がとくに<u>滑り</u>やすく、停止距離が<u>長く</u>なるので、つねに<u>速度を落として</u>運転する必要があります。

ここで覚える！

**問3**
◯
設問のようにして<u>列車の運転士</u>に知らせ、同時に車を<u>踏切の外</u>に移動させます。

P.44
暗記項目 **43**

**問4**
◯
<u>一時停止か徐行</u>をして、高齢者を<u>保護</u>する運転をしなければなりません。

P.34
暗記項目 **31**

**問5**
✕
図1の標識は「<u>横断歩道</u>」を表し、<u>学校などがある</u>ことを意味するものではありません。

巻頭
試験に出る！重要標識・標示

**問6**
✕
普通免許で運転できるのは、最大積載量 <u>2,000</u> キログラム未満の自動車です。

P.9
暗記項目 **2**
P.10
暗記項目 **4**

**問7**
✕
運転免許証が再交付される前に運転すると、<u>無免許運転</u>となり、罰せられます。

ここで覚える！

**問8**
✕
歩行者が路側帯にいる場合も、歩行者との間に<u>安全な間隔をあける</u>か<u>徐行</u>しなければなりません。

P.33
暗記項目 **29**
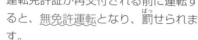

**問9**
◯
カーブでの交通事故の多くは、<u>スピードの出しすぎ</u>が原因で発生しています。

ここで覚える！
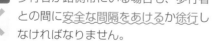

**問10**
◯
交通整理が行われていない道路の交差点では、原動機付自転車は<u>小回り右折</u>します。

P.43
暗記項目 **40**

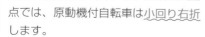

---

**重要交通ルール解説**

## 悪天候時の運転

### ❶雨の日の運転

速度を落とす
車間距離をあける

路面が<u>滑り</u>やすくなるので、晴れの日よりも速度を落とし、車間距離を<u>長く</u>とり、<u>急ハンドルや急ブレーキ</u>を避ける。

### ❷霧の中での運転

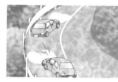

霧灯や前照灯を<u>下向き</u>につけ、中央線や前車の尾灯を目安に速度を落とし、必要に応じて<u>警音器</u>を使用する。

### ❸雪道での運転

タイヤの跡

<u>チェーンやスタッドレスタイヤ</u>を装着し、脱輪防止のため、車が通った<u>タイヤの跡（わだち）</u>を速度を落として走行する。

第4回 実戦模擬テスト

**問11** 夜間、一般道路を走行するときは、道路照明で明るいところでも、必ず前照灯などの灯火をつけなければならない。

□ □

**問12** ぬかるみなどで車輪がから回りするときは、滑り止めを使用しないで、低速ギアで一気に加速するのがよい。

□ □

**問13** 曲がりくねった山道で、交通量も少なく対向車もなかったので、右側部分にはみ出して走行した。

□ □

**問14** 図2の標示のある場所に、荷物の積みおろしのため、5分間車を止めた。

□ □

図2

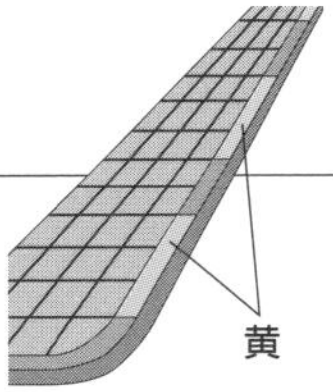

黄

**問15** 自動車専用道路は高速道路なので、故障車をロープでけん引している車は通行することができない。

□ □

**問16** シートベルトは、身体が自由に動かせるように、ゆるく締めるのがよい。

□ □

**問17** エンジンを止めた自動二輪車に乗って坂を下る場合は、路側帯を通行することができる。

□ □

**問18** 遠心力は、カーブの半径が小さくなるほど大きくなり、速度の二乗に比例して大きくなる。

□ □

**問19** 交差点を右折するとき、直進する対向車がいるときは、先に交差点に入っていても直進車を先に通行させる。

□ □

**問20** 雨の日は窓ガラスがくもり、視界が悪くなるので、側面ガラスを少し開けて外気を取り入れたり、エアコンをつけたりして、窓ガラスのくもりを取るとよい。

□ □

**問21** 普通乗用自動車を運転するときのシートの前後の位置は、クラッチペダルを踏み込んだとき、ひざがわずかに曲がる状態に合わせる。

□ □

**問11** ○

夜間走行するときは、必ず<u>前照灯</u>や<u>尾灯</u>などをつけなければなりません。

P.57
暗記項目 **60**

**問12** ✕

車輪がから回りするときは、<u>滑り止め</u>を使用して、<u>低速ギア</u>でゆっくり脱出します。

ここで覚える!

**問13** ✕

「<u>右側通行</u>」の標示がある場合などを除き、<u>右側部分にはみ出して</u>通行してはいけません。

ここで覚える!

**問14** ○

図2は「<u>駐車禁止</u>」の標示で、荷物の積みおろしのために5分間車を止める「<u>停車</u>」はすることができます。

P.51
暗記項目 **52**
暗記項目 **53**

**問15** ✕

故障車をロープでけん引している車でも、<u>自動車専用道路</u>は通行できます。

P.46
暗記項目 **48**

**問16** ✕

シートベルトは、万一の<u>事故</u>に備え、<u>ゆるまないように</u>正しく着用します。

P.12
暗記項目 **10**

**問17** ✕

二輪車に乗ったままでは<u>歩行者</u>と見なされないので、<u>路側帯</u>は通行できません。

ここで覚える!

**問18** ○

遠心力は、速度の<u>二乗</u>に比例して大きくなり、カーブの半径が<u>小さく</u>なる（急になる）ほど大きくなります。

P.12
暗記項目 **8**

**問19** ○

右折車は、先に交差点に入っていても、<u>直進車</u>の進行を<u>妨</u>げてはいけません。

ここで覚える!

**問20** ○

雨の日は窓ガラスが<u>くもりやすい</u>ので、<u>外気</u>を取り入れたり、<u>エアコン</u>を入れたりして<u>除湿</u>します。

ここで覚える!

**問21** ○

クラッチペダルを踏み込んだとき、ひざが<u>わずかに曲がる状態</u>が正しいシートの前後の位置です。

P.12
暗記項目 **9**

---

**重要交通ルール解説**

## 夜間の運転方法

### ❶ライトをつけなければならない場合

<u>夜間</u>（日没から日の出まで）、運転するとき。

昼間でも、トンネルの中や霧などで<u>50</u>メートル（高速道路では<u>200</u>メートル）先が見えない場所を通行するとき。

### ❷ライトを切り替える場合

減光または下向き

対向車と<u>行き違う</u>ときや、他の車の<u>直後</u>を走行するときは、前照灯を<u>減光</u>するか<u>下向き</u>に切り替える。

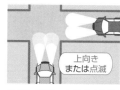

上向きまたは点滅

見通しの悪い交差点を通過するときは、前照灯を<u>上向き</u>にするか<u>点滅</u>させて、自車の接近を知らせる。

**問22** 駐車禁止が指定されていないところでは、引き続き 12 時間（夜間は 8 時間）以上、道路上に駐車してはならない（特定の村の指定された区域内を除く）。

□ □

**問23** 図 3 の標示は、自動車の最低速度が時速 50 キロメートルであることを表している。

□ □

図3

黄

**問24** 疲労回復のため、アルコール入りの果実酒を飲んだあと、ドライブに出かけた。

□ □

**問25** 環状交差点内を通行するときは、通行している車や入ろうとする車、歩行者などに気を配りながら、環状交差点の状況に応じてできる限り安全な速度と方法で進行する。

□ □

**問26** 車を運転するとき、交通規則を守ることは道路を安全に通行するための基本であるが、事故を起こさない自信があれば必ずしも守る必要はない。

□ □

**問27** 駐車場や車庫などの出入口から 3 メートル以内の場所には駐車をしてはならないが、自宅の車庫の出入口であれば、3 メートル以内に駐車することができる。

□ □

**問28** 道路上で酒に酔ってふらついたり、立ち話をしたりして交通の妨げとなるようなことはしてはならない。

□ □

**問29** 車両総重量が 2,000 キログラム以下の車を、その 3 倍以上の車両総重量の車でけん引するときの一般道路での法定速度は、時速 40 キロメートルである。

□ □

**問30** 二輪車を運転するときの乗車用ヘルメットは、PS（c）マークか、JIS マークの付いたものを使うのがよい。

□ □

**問31** 図 4 の路側帯は、駐停車と軽車両の通行が禁止されている。

□ □

図4

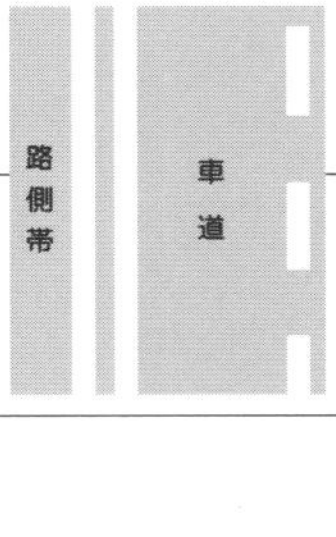

路側帯　車道

**問32** 道路を走行中に道に迷ったときは、やむを得ないので、カーナビゲーション装置の画像を注視して運転してもよい。

□ □

**問 22** ○ 同じ場所に引き続き 12 時間（夜間は 8 時間）以上、駐車してはいけません。 P.53 暗記項目 59

**問 23** × 図3は、「最高速度時速 50 キロメートル」の標示で、最低速度ではありません。 P.23 暗記項目 18

**問 24** × たとえ少量でも酒を飲んだときは、車を運転してはいけません。 P.9 暗記項目 1

**問 25** ○ 環状交差点の状況に応じて、できる限り安全な速度と方法で進行します。 ここで覚える!

**問 26** × たとえ事故を起こさない自信があっても、交通規則を守って運転しなければなりません。 ここで覚える!

**問 27** × 自宅の前でも、車庫の出入口から3メートル以内の場所には駐車してはいけません。 P.51 暗記項目 53

**問 28** ○ たとえ歩行者でも、道路上で通行の迷惑になるような行為を行ってはいけません。 ここで覚える!

**問 29** ○ 設問の場合の法定速度は、時速 40 キロメートルです。 ここで覚える!

**問 30** ○ 二輪車のヘルメットは、PS（c）マークか JIS マークの付いた安全なものを使用します。 P.13 暗記項目 11

**問 31** ○ 図4は「歩行者用路側帯」で、駐停車と軽車両の通行が禁止されています。 巻頭 試験に出る! 重要標識・標示

**問 32** × カーナビゲーション装置の画像を注視しながら運転するのは危険なので、してはいけません。 P.13 暗記項目 12

## 環状交差点の通行方法

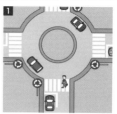

環状交差点は、車両が通行する部分が環状（円形）の交差点で、標識などで車両が右回りに通行することが指定されている。

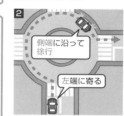

右左折、直進、転回しようとするときは、あらかじめできるだけ道路の左端に寄り、環状交差点の側端に沿って徐行しながら通行する（標示などで通行方法が指定されているときはそれに従う）。

環状交差点から出るときは、出ようとする地点の直前の出口の側方を通過したとき（入った直後の出口を出る場合は、その環状交差点に入ったとき）に左側の合図を出す（環状交差点に入るときは合図を行わない）。

**問33** □ □ 急発進、急ブレーキ、から吹かしは、他の人に迷惑をかけるだけでなく、余分な燃料を消費し、人体に有害な排気ガスを多く出すことになる。

**問34** □ □ こう配の急な坂は、駐停車禁止場所であるとともに、追い越し禁止場所でもある。

**問35** □ □ 路側帯のある道路で駐停車するとき、路側帯の幅が 0.75 メートル以下の場合は、車道に沿って止めなければならない。

**問36** □ □ 標識で追い越しが禁止されていたが、前方を速度の遅い自動車が走っていたので、進路を変え、その横を通り過ぎて前方に出た。

**問37** □ □ 二輪免許を受けている人が原動機付自転車を運転するときは、高速道路を通行することができる。

**問38** □ □ 運転免許証を手にするということは、単に車が運転できるということだけでなく、同時に刑事上、行政上、民事上の責任など、社会的な責任があることを自覚しなければならない。

**問39** □ □ 高速道路の本線車道から減速車線に移るときは、本線車道であらかじめ十分減速するようにする。

**問40** □ □ 道路の左側に「左折可」の標示板があるところでは、正面の信号が赤や黄でも、まわりの交通に注意して左折することができる。

**問41** □ □ 図5の標識のあるところでも、道路の中央から右側部分にはみ出さなければ追い越しをすることができる。

図5

追越し禁止

**問42** □ □ げたやハイヒールなど、運転操作を妨げるような履き物で、自動車を運転してはならない。

**問43** □ □ 霧の中を運転するときは、霧灯や前照灯を早めに点灯し、中央線やガードレール、前車の尾灯などを目安にして、速度を落とすのがよい。

問 33　急発進や急加速などは、騒音(そうおん)や有害な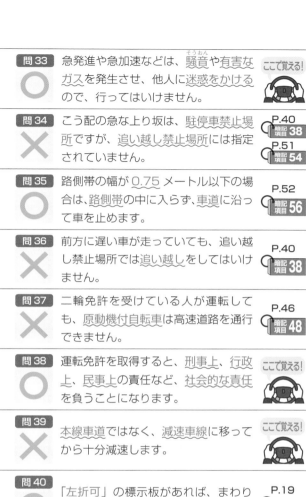ガスを発生させ、他人に迷惑をかけるので、行ってはいけません。
○
ここで覚える！

問 34　こう配の急な上り坂は、駐停車禁止場所ですが、追い越し禁止場所には指定されていません。
×
P.40　暗記項目 38
P.51　暗記項目 54

問 35　路側帯の幅が 0.75 メートル以下の場合は、路側帯の中に入らず、車道に沿って車を止めます。
○
P.52　暗記項目 56

問 36　前方に遅い車が走っていても、追い越し禁止場所では追い越しをしてはいけません。
×
P.40　暗記項目 38

問 37　二輪免許を受けている人が運転しても、原動機付自転車は高速道路を通行できません。
×
P.46　暗記項目 48

問 38　運転免許を取得すると、刑事上、行政上、民事上の責任など、社会的な責任を負うことになります。
○
ここで覚える！

問 39　本線車道ではなく、減速車線に移ってから十分減速します。
×
ここで覚える！

問 40　「左折可」の標示板があれば、まわりの交通に注意して左折できます。
○
P.19　暗記項目 16

問 41　図5は「追越し禁止」の標識なので、右側部分にはみ出さなくても追い越しをしてはいけません。
×
P.39　暗記項目 37

問 42　げたやハイヒールでは正しい運転操作ができないので、運動靴などを履いて運転します。
○
P.12　暗記項目 9

問 43　霧の日は視界が悪いので、前車の尾灯などを目安にし、速度を落として運転します。
○
P.57　暗記項目 61

**重要交通ルール解説**

## こう配の急な坂での禁止行為など

**❶駐停車禁止場所（上りも下りも）**

**❷追い越し禁止場所（下りのみ）**

**❸徐行場所（下りのみ）**

**問44** 前面ガラスやルームミラーなどにマスコット類をつり下げると、視界の妨げになるだけでなく、運転に支障をきたすおそれがあり、安全運転の妨げになる。

☐ ☐

**問45** 標識などで駐車が禁止されていない道路でも、車の右側の道路上に 3.5 メートル以上の余地がなければ、原則として駐車をしてはいけない。

☐ ☐

**問46** オートマチック車を駐車させるときのチェンジレバーは、「P」または「N」の位置に入れておく。

☐ ☐

**問47** 交差点で進行方向の信号が赤色の灯火の点滅を表示しているときは、必ず一時停止してから進行しなければならない。

☐ ☐

**問48** 夜間は視界が悪く、歩行者や自転車の発見が遅れるので、昼間より速度を落として走行する。

☐ ☐

**問49** 四輪車で交差点を右折するときは、図6の矢印のように進行しなければならない。

☐ ☐

図6

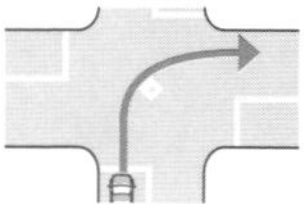

**問50** 横断歩道や自転車横断帯とその手前 30 メートル以内の場所は、追い越しが禁止されているが、同時に追い抜きも禁止されている。

☐ ☐

**問51** 二輪車の正しい乗車姿勢は、手首を下げ、ハンドルを前に押すようにしてグリップを軽く握り、ひじはわずかに曲げるようにし、背筋を伸ばし、視線は先のほうに向ける。

☐ ☐

**問52** 見通しのよい踏切を通過するときは、その直前で一時停止する必要はなく、徐行しながら安全を確かめればよい。

☐ ☐

**問53** 前方の道路上に通園バスが非常点滅表示灯をつけて停車していたが、すぐに幼児が飛び出すことはないと思い、徐行せずにそのそばを通過した。

☐ ☐

**問54** 交通事故で頭部に強い衝撃を受けたときは、外傷がなくても医師の診断を受けるようにする。

☐ ☐

**重要交通ルール解説**

## 駐車余地の原則と例外

### ❶原則

車の右側に3.5メートル以上の余地がない場所には、駐車してはいけない。

標識により余地が指定されている場所では、それ以上の余地がとれない場合は、駐車してはいけない。

### ❷例外（余地がなくても駐車できるとき）

荷物の積みおろしを行う場合で、運転者がすぐに運転できるとき。

傷病者を救護するため、やむを得ないとき。

---

**問44** 視界に入る位置にマスコット類をつり下げると、視界をさえぎり、安全運転の妨げになります。　○　ここで覚える！

**問45** 車の右側の道路上に3.5メートル以上の余地がない場合は、原則として駐車してはいけません。　○　P.52　暗記項目55

**問46** 駐車するときのチェンジレバーは、「P（パーキング）」に入れなければなりません。　×　P.53　暗記項目58

**問47** 赤色の灯火の点滅信号では、必ず一時停止して、安全を確かめてから進行しなければなりません。　○　P.19　暗記項目16

**問48** 夜間は見通しが悪いので、昼間より速度を落として走行する必要があります。　○　ここで覚える！

**問49** 右折するときは、交差点の中心のすぐ内側を通行しなければなりません。　×　P.43　暗記項目39

**問50** 横断歩道や自転車横断帯とその手前30メートル以内は、追い越し・追い抜きともに禁止されています。　○　P.40　暗記項目38

**問51** 設問のような二輪車の正しい乗車姿勢を身につけることは、安全運転につながります。　○　P.13　暗記項目11

**問52** 踏切では、青信号に従うときを除き、一時停止して安全を確かめなければなりません。　×　P.44　暗記項目43

**問53** 通園バスのかげから急に子どもが飛び出してくるおそれがあるので、徐行して安全を確かめます。　×　ここで覚える！

**問54** 頭部に強い衝撃を受けたときは、外傷がなくても後遺症が出ることがあるので、医師の診断を受けます。　○　ここで覚える！

137

**問55** □□ 自動車を運転中、大地震が発生したときは、道路の左側に停止して、カーラジオなどで地震情報や交通情報を聞いてから、それに応じた行動をする。

**問56** □□ オートマチック車を高速で運転中、チェンジレバーを一気に「L」や「1」に入れると急激なエンジンブレーキがかかり、車がスピンして交通事故を起こす原因となる。

**問57** □□ 初心運転者が表示する「初心者マーク」は、車の前後であればどの位置に付けてもかまわない。

**問58** □□ 前車を追い越すときは、安全を確認してから方向指示器を出し、約3秒後に最高速度の制限内で進路をゆるやかに右にとり、前車の右側に安全な間隔を保ちながら通過する。

**問59** □□ 図7の標識は、車両の停止位置を示すものであり、道路に白線で示される停止線と同じ意味である。

図7
停止線

**問60** □□ 夜間、一般道路に駐停車するときは、車の後方に停止表示器材を置いても、非常点滅表示灯、駐車灯または尾灯をつけなければならない。

**問61** □□ 高速自動車国道の法定最高速度は、自動車の種類に応じて定められている。

**問62** □□ 前車が右折などのために進路を右に変えようとしているときは、前車を追い越してはならない。

**問63** □□ 普通自動二輪車（側車付きを除く）を運転するとき、同乗者用の座席のないものは、二人乗りをすることができない。

**問64** □□ エンジンブレーキは、高速ギアより低速ギアのほうが制動効果が高い。

**問65** □□ 進路変更するときは、合図を早めにすると他の車の迷惑になるので、合図をしたらすぐにハンドルを切るのが最も安全な方法である。

**問 55** 〇 地震情報や交通情報を聞き、状況に応じた行動をとるようにします。
P.58　暗記項目 62

**問 56** 〇 チェンジレバーを一気に「L」や「1」に入れると、急激にエンジンブレーキがかかって非常に危険です。
ここで覚える!

**問 57** ✕ 初心者マークは、車の前後の地上0.4メートル以上、1.2メートル以下に付けなければなりません。
ここで覚える!

**問 58** 〇 追い越しをするときは、定められた最高速度の範囲内で、安全な方法で行います。
ここで覚える!

**問 59** 〇 図7は道路標示の停止線と同じ意味を表し、未舗装の道路などで使用されます。
ここで覚える!

**問 60** ✕ 一般道路では、車の後方に停止表示器材を置けば、非常点滅表示灯などをつけなくてもかまいません。
ここで覚える!

**問 61** 〇 大型乗用時速100キロメートル、大型貨物時速80キロメートルなど、自動車の種類に応じて定められています。
P.46　暗記項目 49

**問 62** 〇 前車が右に進路を変えようとしているときの追い越しは危険なので、禁止されています。
P.39　暗記項目 36

**問 63** 〇 同乗者用の座席がない普通自動二輪車の乗車定員は、側車付きのものを除き、運転者1人だけです。
P.10　暗記項目 5

**問 64** 〇 エンジンブレーキの効果は、低速ギアになるほど高くなります。
ここで覚える!

**問 65** ✕ 進路変更の合図は、進路を変更しようとする約3秒前に行います。
P.30　暗記項目 27

---

重要交通ルール解説

## 追い越しの手順

①追い越し禁止場所でないことを確認する。
②前方（とくに対向車）の安全を確かめるとともに、バックミラーなどで後方（とくに後続車）の安全を確かめる。
③右側の方向指示器を出す。
④約3秒後、もう一度安全を確かめてから、ゆるやかに進路変更する。
⑤最高速度の範囲内で加速し、追い越す車との間に安全な間隔を保つ。
⑥左側の方向指示器を出す。
⑦追い越した車が、ルームミラーで見えるくらいの距離までそのまま進み、ゆるやかに進路変更する。
⑧合図をやめる。

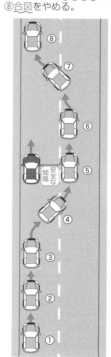

**問66** 停止禁止部分の標示がある消防署前の道路の標示部分には停止することができないが、消防署以外のところであれば、停止禁止部分の標示内に入って停止してもよい。

□ □

**問67** 制動距離や遠心力は速度の二乗に比例するので、速度が2倍になれば制動距離や遠心力は4倍になる。

□ □

**問68** 図8の灯火信号に対面した自動車は、他の交通に注意して進行することができる。

□ □

図8

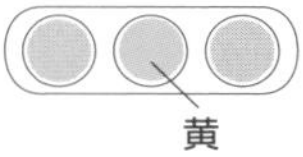

黄

**問69** 夜間、高速道路の路側帯などにやむを得ず駐車するときは、停止表示器材を置くとともに、非常点滅表示灯、駐車灯または尾灯をつけなければならない。

□ □

**問70** 路面が雨に濡れ、タイヤがすり減っているときの停止距離は、乾燥した路面でタイヤの状態がよい場合に比べても、あまり変わらない。

□ □

**問71** 安全地帯に歩行者がいなかったので、そのままの速度で通過した。

□ □

**問72** 道路の中央から左側部分が工事中で通行できないときは、右側部分にはみ出して通行することができる。

□ □

**問73** 二輪車のチェーンは、中央部を指で押したとき、ピンと張っている状態がよい。

□ □

**問74** 初心運転者は運転が未熟であるから、高速自動車国道や自動車専用道路を通行してはならない。

□ □

**問75** 市街地を普通自動車で走行中、大地震の警戒宣言が発せられたとき、道路の左側に停止すると倒壊する建物で車が壊れるおそれがあるので、道路の中央に止め、ドアロックをして避難した。

□ □

**問76** 高速道路での車間距離の目安は、晴天時でタイヤの状態がよい場合、時速100キロメートルで走行するときは約200メートル必要である。

□ □

**問 66**
消防署以外の停止禁止部分でも、その中に入って停止してはいけません。

巻頭
試験に出る！重要標識・標示

**問 67**
制動距離や遠心力は、速度の二乗に比例して大きくなります。

P.12
暗記項目 8

**問 68**
黄色の灯火信号に対面した自動車は、停止位置で安全に停止できない場合を除き、進んではいけません。

P.19
暗記項目 16

**問 69**
高速道路では、停止表示器材を置き、さらに非常点滅表示灯、駐車灯または尾灯をつけなければなりません。

P.47
暗記項目 50

**問 70**
路面やタイヤの状態が悪いときの停止距離は、よい状態に比べて2倍程度長くなります。

P.23
暗記項目 19

**問 71**
安全地帯に歩行者がいないときは、徐行する必要はありません。

P.33
暗記項目 29

**問 72**
道路工事などでやむを得ないときは、道路の右側部分にはみ出して通行することができます。

P.29
暗記項目 24

**問 73**
二輪車のチェーンには適度なゆるみが必要で、ピンと張った状態はよくありません。

ここで覚える！

**問 74**
普通免許や準中型免許を受けて1年未満の初心運転者でも、高速道路を通行することはできます。

ここで覚える！

**問 75**
道路の左側に寄せて止め、キーは付けたままとするか運転席などに置き、ドアロックしないで避難します。

P.58
暗記項目 62

**問 76**
設問の場合の車間距離の目安は、走行速度と同等以上（時速100キロメートルでは100メートル以上）です。

ここで覚える！

---

重要交通ルール解説

## 高速道路でやむを得ず駐停車するとき

路肩、路側帯

十分な幅がある路肩や路側帯に駐停車し、車内に残らず、安全な場所に避難する。

停止表示器材

昼間は、自動車の後方に停止表示器材を置く。

夜間は、停止表示器材とあわせて、非常点滅表示灯などをつける。

**問77** □ □ 走行中に携帯電話を手に持って使用することは禁止されているが、電源を切ったり、ドライブモードに設定したりする必要はない。

**問78** □ □ 乗車定員29人以下のマイクロバスは、図9の標識のある道路を通行することができる。

図9

**問79** □ □ 前車との車間距離が短いほど、前車が急停止したときに、追突の危険が高くなる。

**問80** □ □ 高速道路を通行するときは、事前にタイヤの空気圧をやや高めにしておく。

**問81** □ □ 照明のない暗い道路を通行する場合で、歩行者や自転車がいつ飛び出してくるかわからない状況のときは、警音器を鳴らすよりも、徐行して通行するほうがよい。

**問82** □ □ 二輪車でカーブを曲がるときは、クラッチを切りながらカーブに入り、カーブの後半で加速するのがよい。

**問83** □ □ 前方の信号が赤色の灯火と青色の右向き矢印を表示しているとき、自動車は矢印の方向に進むことができる。

**問84** □ □ 図10の標識のある区間内の左右の見通しの悪い交差点、曲がり角、上り坂の頂上では、警音器を鳴らさなければならない。

図10

**問85** □ □ 自動車を発進させるときに後方から二輪車が接近してきたが、警音器を鳴らして注意を与えれば先に発進することができる。

**問86** □ □ 安全地帯のある停留所で停止している路面電車があるとき、後方の車は徐行して進むことができる。

**問87** □ □ ミニカーは普通自動車になるので、原付免許では運転することができない。

**問77** 運転中に着信音が鳴ることのないように、運転前に電源を切ったり、ドライブモードに設定したりしておきます。
✕ P.13 暗記項目12

**問78** 図9は「大型乗用自動車等通行止め」の標識で、乗車定員11人以上の自動車は通行できません。
✕ ここで覚える!

**問79** 車間距離が短いほど、前車が停止したときに追突する危険性が高くなるので、安全な車間距離をとります。
◯ ここで覚える!

**問80** 高速走行による波打ち現象（スタンディングウェーブ現象）を防ぐため、タイヤの空気圧はやや高めにします。
◯ ここで覚える!

**問81** 警音器は鳴らさずに、速度を落として安全を確かめるようにします。
◯ ここで覚える!

**問82** クラッチを切ると動力がタイヤに伝わらずにエンジンブレーキが活用できないので、安定性を失い危険です。
✕ ここで覚える!

**問83** 原動機付自転車は右折できない場合がありますが、自動車は矢印に従って右折することができます。
◯ P.19 暗記項目16

**問84** 「警笛区間」の設問の場所を通行するときは、警音器を鳴らさなければなりません。
◯ P.29 暗記項目26

**問85** 発進するときは、後方から接近してくる車の進行を妨げてはいけません。
✕ ここで覚える!

**問86** 安全地帯のある場合は、徐行して進むことができます。
◯ P.33 暗記項目29

**問87** ミニカーは、普通自動車を運転できる免許を受けなければ運転できません。
◯ P.9 暗記項目2

---

**重要交通ルール解説**

## 「大型乗用自動車等通行止め」の標識の意味

大型乗用自動車（乗車定員30人以上）と中型乗用自動車（乗車定員11～29人）の通行禁止を表す。

---

**重要交通ルール解説**

## 矢印信号の意味

### ❶青色の矢印信号

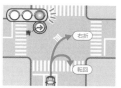

車（軽車両、二段階右折する原動機付自転車を除く）は、矢印の方向に進め、右矢印の場合、転回できる。

※右向き矢印の場合

軽車両と二段階右折する原動機付自転車は進めない。

### ❷黄色の矢印信号

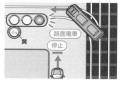

路面電車は、矢印の方向に進める。車は進行できない。

**問88** 故障車をロープでけん引するとき、けん引される車のハンドルやブレーキを操作する人は、第二種免許所持者でなければならない。

□ □

**問89** 白や黄色のつえを持った人、盲導犬を連れた人が歩いている場合は、一時停止か徐行をして、これらの人が安全に通行できるようにしなければならない。

□ □

**問90** 警音器を必要以上に鳴らすことは、騒音になるだけでなく、相手の感情を刺激し、トラブルを起こす原因にもなる。

□ □

**問91** 時速40キロメートルで進行しています。どのようなことに注意して運転しますか？

□ □ （1）子どもが車道に飛び出してくるかもしれないので、ブレーキを数回に分けて踏み、速度を落として進行する。

□ □ （2）子どもの横を通過するときに対向車と行き違うと危険なので、加速して子どもの横を通過する。

□ □ （3）子どもがふざけて車道に飛び出してくるかもしれないので、中央線を少しはみ出して通過する。

**問92** 時速50キロメートルで進行中、前車が追い越しをしようとしているときは、どのようなことに注意して運転しますか？

□ □ （1）急ブレーキをかけたり、急ハンドルしたりすると後続車の進行を妨げるおそれがあるので、そのまま進行する。

□ □ （2）前車は追い越しを中止して、元の位置に戻るかもしれないので、すぐに車間距離をつめずに、しばらくこのまま進行する。

□ □ （3）前車に続き、後続車が無理な追い越しを始めると危険なので、前方だけでなく後方にも注意して進行する。

**問88** その車を運転できる人であればよく、第二種免許所持者でなくてもかまいません。 ✕

ここで覚える！

**問89** 設問のような立場の弱い歩行者に対しては、一時停止か徐行をして、安全に通行できるようにします。 ◯

P.34 暗記項目 **31**

**問90** 警音器をみだりに使用すると、相手の感情を刺激してトラブルの原因になります。 ◯

P.29 暗記項目 **26**

---

**問91**

**左側の子どもの動向と後続車に注目！**

子どもは、突然車道に飛び出してくることがあります。対向車も接近しているので、後続車に注意しながら速度を落として進行しましょう。

（1）後続車に注意しながら速度を落とし、子どもの飛び出しに備えます。 ◯

（2）加速すると、子どもが急に車道へ出てきたときに衝突するおそれがあります。 ✕

（3）中央線をはみ出すと、対向車と衝突するおそれがあります。 ✕

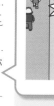

---

**問92**

**前車と後続車の動向に注目！**

前車が追い越しをしようとしているときは、追い越しを始めてはいけません。また、後続車も追い越しを始めるかもしれないので注意が必要です。

（1）急ブレーキや急ハンドルを避け、後続車の進行を妨げないようにします。 ◯

（2）前車が追い越しを中止したときに備えて、車間距離をつめずに進行します。 ◯

（3）後続車が追い越しを始めるおそれがあるので、注意して進行します。 ◯

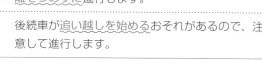

| | |
|---|---|
| **問93** | 山道を時速40キロメートルで進行しています。どのようなことに注意して運転しますか？ |

□ □ （1）カーブの先は急な下り坂になっており、加速しやすいので、低速ギアでエンジンブレーキを活用して進行する。

□ □ （2）このままの速度で進行すると、カーブを曲がりきれずに、対向車線にはみ出すおそれがあるので、速度を落として進行する。

□ □ （3）対向車はいないようなので、このまま進行し、カーブの途中で加速して進行する。

| | |
|---|---|
| **問94** | 前車に続いて止まりました。坂道の踏切を通過するときは、どのようなことに注意して運転しますか？ |

□ □ （1）後続車がいるので、渋滞しないように、前車のすぐ後ろについて進行する。

□ □ （2）踏切を通行中、万一遮断機が下りてしまったときは、車で遮断機を押して脱出する。

□ □ （3）上り坂での発進は難しいので、発進したら前車に続いて踏切を通過する。

| | |
|---|---|
| **問95** | 時速40キロメートルで進行しています。どのようなことに注意して運転しますか？ |

□ □ （1）右側の車が交差点に進入してくるかもしれないので、速度を落とし、注意して進行する。

□ □ （2）対向車が先に右折するかもしれないので、その動きに注意して進行する。

□ □ （3）左側のかげから歩行者や車が出てくるかもしれないので、注意して進行する。

**問93** 前方のカーブと警戒標識に注目！

この先はこう配の急な下り坂で加速度がつきやすいので、徐行場所に指定されています。速度を落とし、対向車の接近にも注意が必要です。

(1) ○ 下り坂では、低速ギアに入れてエンジンブレーキを活用します。

(2) ○ 急カーブで、下り坂であるという警戒標識もあるので、速度を落として進行します。

(3) ✕ この先はこう配の急な下り坂なので、加速すると曲がりきれないおそれがあります。

**問94** 踏切前の坂と前車との距離に注目！

踏切の手前は、少し坂になっている場所が多く、車間距離を保たないと前車が後退してきたときに危険です。自車も後退に注意して発進しましょう。

(1) ✕ 上り坂なので、前車が後退してきて衝突するおそれがあります。

(2) ○ 踏切を通行中に遮断機が下りてしまったときは、車で遮断機を押して脱出することができます。

(3) ✕ 踏切の手前で一時停止しないと、踏切の先が渋滞していて踏切内に停止してしまうおそれがあります。

**問95** 前方の交差点と周囲の車に注目！

自車は優先道路を通行していますが、見通しの悪い交差点から車が出てくるおそれがあります。不測の事態に備え、速度を落として進行しましょう。

(1) ○ 右の車の動向に注意しながら、速度を落として進行します。

(2) ○ 対向車の右折に注意して進行します。

(3) ○ 歩行者などの急な飛び出しに注意して進行します。

147

第**5**回

**実戦**
模擬テスト

問1～95を読み、正しいものは「○」、誤っているものは「×」と答えなさい。配点は問1～90が各1点、問91～95が各2点（3問とも正解の場合）。

制限時間
**50**分

合格点
**90**点以上

**問1** 車を運転中、危険を避けるためやむを得ない場合以外は、急ブレーキをかけないようにする。

□ □

**問2** 「軌道敷内通行可」の標識のあるところでは、自動車は路面電車に優先して軌道敷内を通行することができる。

□ □

**問3** 交通整理の行われていない道幅が同じような道路の交差点で、路面電車や左方から来る車があるときは、路面電車や左方の車の進行を妨げてはならない。

□ □

**問4** 速度規制がない高速自動車国道での中型貨物自動車の最高速度は、時速100キロメートルである。

□ □

**問5** 図1の標識のある道路では、車両総重量が5,500キログラムを超える車は通行できない。

図1

□ □

**問6** 普通自動二輪車や大型自動二輪車に積むことができる積載物の幅は、積載装置の幅までである。

□ □

**問7** オートマチック車を下り坂で駐車させておくときは、チェンジレバーを「P」の位置よりも「R」の位置に入れておくほうがよい。

□ □

**問8** 普通乗用自動車のフロントガラスの上部中央に貼る検査標章の数字は、前回の検査（車検）の時期を示している。

□ □

**問9** 道路標識などにより路線バス等優先通行帯が指定されている通行帯を普通自動車で走行中、後方から路線バスが近づいてきたので、他の通行帯に進路を変えた。

□ □

**問10** 車の停止距離とは、ブレーキが効き始めてから車が停止するまでの距離のことをいう。

□ □

を右ページに当て、解いていこう。重要語句もチェック！

| 正解 | ポイント解説 | |
|---|---|---|

**問1**
〇
急ブレーキは危険なので、やむを得ない場合以外はかけないようにします。
P.23 暗記項目20

**問2**
✕
路面電車が通行しているときは、その進行を妨げてはいけません。
ここで覚える!

**問3**
〇
設問のような交差点では、路面電車や左方から来る車の進行を妨げてはいけません。
P.44 暗記項目42

**問4**
✕
法定最高速度は、特定中型貨物が時速80キロメートル、それ以外の中型貨物が時速100キロメートルです。
P.46 暗記項目49

**問5**
〇
図1は「重量制限5.5トン」の標識で、車両総重量が5,500キログラム（5.5トン）を超える車の通行が禁止されています。
ここで覚える!

**問6**
✕
自動二輪車は、積載装置から左右にそれぞれ0.15メートルまではみ出して荷物を積めます。
P.10 暗記項目5

**問7**
✕
オートマチック車の場合は、チェンジレバーを「P」の位置に入れて駐車します。
P.53 暗記項目58

**問8**
✕
検査標章の数字は、次の検査の時期を表します。
ここで覚える!

**問9**
〇
路線バス等優先通行帯を通行している普通自動車は、その通行帯から出て、路線バスに進路を譲ります。
P.35 暗記項目34

**問10**
✕
設問の内容は制動距離です。停止距離は、空走距離と制動距離を合わせた距離をいいます。
P.23 暗記項目19

# 重要交通ルール解説

## 信号のない道路の交差点での優先関係

### ❶交差道路が優先道路の場合

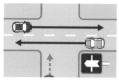

徐行をして、優先道路を通行する車の進行を妨げてはいけない。

### ❷交差道路の幅が広い場合

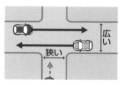

徐行をして、幅が広い道路を通行する車の進行を妨げてはいけない。

### ❸幅が同じような道路の場合

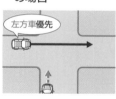

左方から来る車の進行を妨げてはいけない。

左右どちらから来ても、路面電車の進行を妨げてはいけない。

第5回 実戦模擬テスト

149

**問11** □ □ 原動機付自転車の乗車定員は1人であるが、12歳未満の子どもに限り、専用の乗車装置を付ければ乗せることができる。

**問12** □ □ 運転中に携帯電話を使用しなければならなくなったので、安全な場所に車を止めてから使用した。

**問13** □ □ 運転中に周囲の状況に目を配ると集中力が散漫になるので、前方の一点を注視して運転するのがよい。

**問14** □ □ 図2の標識があったので、すぐ止まれる速度に落として進行した。

図2

┌─────────┐
│ 徐行 │
│ SLOW │
└─────────┘

**問15** □ □ 前車が道路外に出るため、進路変更の合図をしているときは、危険を避ける場合を除き、その進路変更を妨げてはならない。

**問16** □ □ 通行量の多い歩行者専用道路で、子どもとキャッチボールをした。

**問17** □ □ 一方通行の道路で緊急自動車が近づいてきたとき、道路の左側に寄ると緊急自動車の進行の妨げとなる場合は、道路の右側に寄って進路を譲る。

**問18** □ □ 違法に駐車している車の運転者は、警察官や交通巡視員から、車の移動を命じられることがある。

**問19** □ □ 上り坂の頂上付近で大型バスの後方を走行している二輪車が、前方の視界がさえぎられるのを避けるため、速度を上げてそのバスを追い越した。

**問20** □ □ 道路上で子どもが1人で遊んでいたので、その横を徐行して通過した。

**問21** □ □ 総排気量400ccの普通自動二輪車で高速道路を走行中、雨や風が強いときは、大型トラックの直後を走行すると安全である。

**問 11** 原動機付自転車の乗車定員は、例外なく1人です。子どもであっても二人乗りをしてはいけません。

×

P.10
暗記項目 5

**問 12** 運転中の携帯電話の使用は、原則として禁止されているので、車を止めてから使用します。

○

P.13
暗記項目 12

**問 13** 一点を注視するのではなく、絶えず前方や周囲の交通に目を配って運転するようにします。

×

ここで覚える!

**問 14** 「徐行」の標識のある場所は、すぐ止まれる速度に落として進行しなければなりません。

○

P.24
暗記項目 21

**問 15** 前車が進路を変えようとしているときは、それを妨げてはいけません。

○

ここで覚える!

**問 16** 通行量の多いところでキャッチボールなどをしてはいけません。

×

ここで覚える!

**問 17** 一方通行の道路で、左側に寄ると緊急自動車の進行の妨げとなる場合は、道路の右側に寄って進路を譲ります。

○

P.35
暗記項目 33

**問 18** 違法駐車をすると、警察官などから車の移動を命じられることがあります。

○

ここで覚える!

**問 19** 上り坂の頂上付近は、追い越し禁止場所に指定されています。

×

P.40
暗記項目 38

**問 20** 子どもが1人で遊んでいるときは、一時停止または徐行をして、安全に通行します。

○

P.34
暗記項目 31

**問 21** 大型トラックの直後は、前方の視界が悪くなり、かえって危険です。

×

ここで覚える!

---

重要交通ルール解説

## 一方通行路での緊急自動車への進路の譲り方

### ❶交差点やその付近での譲り方

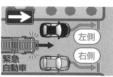

左側

右側

緊急自動車

交差点を避けて道路の左側に寄り、一時停止して進路を譲るのが原則だが、左側に寄るとかえって緊急自動車の進行の妨げになる場合は、道路の右側に寄り、一時停止して進路を譲る。

### ❷交差点付近以外での譲り方

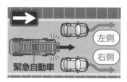

左側

右側

緊急自動車

道路の左側に寄って進路を譲るのが原則だが、左側に寄るとかえって緊急自動車の進行の妨げになる場合は、道路の右側に寄って進路を譲る。

第5回 実戦模擬テスト

**問22** □ □ 自家用の普通乗用自動車の日常点検は、毎月1回、必ず行わなければならない。

**問23** □ □ 違法に駐車している車に対しては、図3の標章を取り付けられることがある。

図3

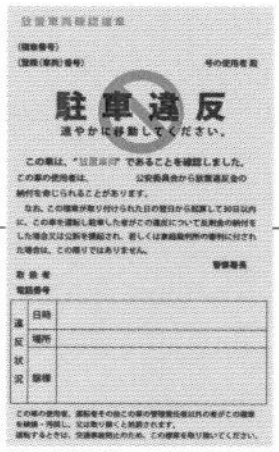

駐車違反

**問24** □ □ 原動機付自転車で短い区間を運転するときは、乗車用ヘルメットを着用しなくてもよい。

**問25** □ □ 普通自動車のエンジンを始動したとき、異音を発したので、運転を中止して点検整備に出した。

**問26** □ □ 児童や幼児の乗り降りのために停止している通学・通園バスの側方を通過するときは、後方で一時停止して安全を確かめなければならない。

**問27** □ □ 交通事故で負傷者がいる場合は、可能な応急救護処置をするべきだが、頭部に傷を受けている負傷者はむやみに動かしてはならない。

**問28** □ □ 昼間でも、トンネルの中や濃い霧の中などで50メートル（高速道路では200メートル）先が見えないような場所を通行するときは、前照灯などをつけなければならない。

**問29** □ □ 駐車場、車庫などの自動車用の出入口から3メートル以内は、駐停車禁止場所である。

**問30** □ □ シートベルトは、交通事故のときの被害を大幅に軽減する効果があるが、疲労の軽減には効果がない。

**問31** □ □ 他の車に追い越されるときは、追い越しが終わるまで速度を上げてはならない。

**問32** □ □ 助手席にエアバッグを備えた自動車に幼児を乗せるときは、できるだけ後部座席にチャイルドシートを設置する。

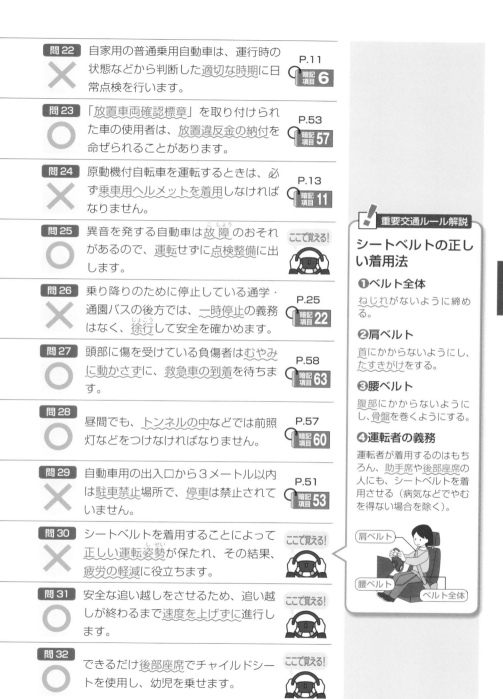

**問 22** ✕ 自家用の普通乗用自動車は、運行時の状態などから判断した<u>適切な時期</u>に日常点検を行います。 P.11 暗記項目 **6**

**問 23** ○ 「<u>放置車両確認標章</u>」を取り付けられた車の使用者は、<u>放置違反金の納付</u>を命ぜられることがあります。 P.53 暗記項目 **57**

**問 24** ✕ 原動機付自転車を運転するときは、必ず<u>乗車用ヘルメットを着用</u>しなければなりません。 P.13 暗記項目 **11**

**問 25** ○ 異音を発する自動車は故障のおそれがあるので、<u>運転せずに点検整備に出</u>します。 ここで覚える!

**問 26** ✕ 乗り降りのために停止している通学・通園バスの後方では、<u>一時停止の義務</u>はなく、<u>徐行して安全を確かめます。 P.25 暗記項目 **22**

**問 27** ○ 頭部に傷を受けている負傷者は<u>むやみに動かさず</u>に、<u>救急車の到着を待ちます。 P.58 暗記項目 **63**

**問 28** ○ 昼間でも、<u>トンネルの中</u>などでは前照灯などをつけなければなりません。 P.57 暗記項目 **60**

**問 29** ✕ 自動車用の出入口から3メートル以内は<u>駐車禁止</u>場所で、<u>停車</u>は禁止されていません。 P.51 暗記項目 **53**

**問 30** ✕ シートベルトを着用することによって<u>正しい運転姿勢</u>が保たれ、その結果、<u>疲労の軽減</u>に役立ちます。 ここで覚える!

**問 31** ○ 安全な追い越しをさせるため、追い越しが終わるまで<u>速度を上げずに進行</u>します。 ここで覚える!

**問 32** ○ できるだけ<u>後部座席</u>でチャイルドシートを使用し、幼児を乗せます。 ここで覚える!

---

**⚠ 重要交通ルール解説**

## シートベルトの正しい着用法

### ❶ベルト全体
ねじれがないように締める。

### ❷肩ベルト
首にかからないようにし、たすきがけをする。

### ❸腰ベルト
腹部にかからないようにし、骨盤を巻くようにする。

### ❹運転者の義務
運転者が着用するのはもちろん、助手席や後部座席の人にも、シートベルトを着用させる（病気などでやむを得ない場合を除く）。

肩ベルト
腰ベルト
ベルト全体

**問33** □ □ 貨物自動車に荷物を積んで運転するとき、見張りのための最小限の人であれば、許可を受けずに荷台に人を乗せることができる。

**問34** □ □ 図4の標示は、「転回禁止」を表している。

図4

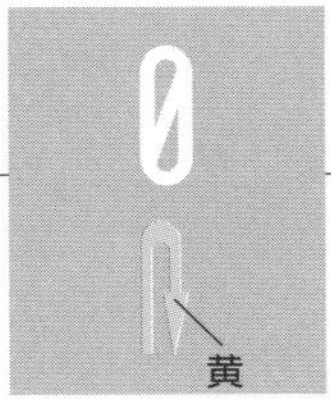

黄

**問35** □ □ 警察官は交通規制と違う通行方法を指示することがあるが、その場合は警察官の指示に従って通行しなければならない。

**問36** □ □ 幅寄せや割り込みが禁止されているのは、仮免許練習標識を付けた車に対してだけである。

**問37** □ □ 標識が道路工事の妨げになったので、取りはずして警察署に届けた。

**問38** □ □ 時速60キロメートルで走行中の普通自動車でコンクリート壁に衝突したときは、約14メートルの高さから落ちた場合と同じ衝撃力を受ける。

**問39** □ □ 夜間、交通量の多い市街地では、前照灯を下向きに切り替え、対向車のライトがまぶしいときは、視点をやや左前方に移して、目がくらまないようにするとよい。

**問40** □ □ 徐行や停止、後退するときの合図の時期は、その行為をしようとする約3秒前である。

**問41** □ □ 交通整理の行われていない図5のような交差点では、A車はB車の進行を妨げてはならない。

図5

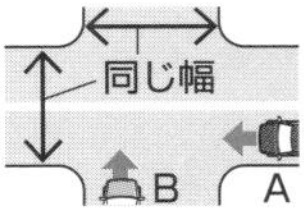

同じ幅

B A

**問42** □ □ 二輪車に乗るとき、体力に自信があれば、大型の二輪車から乗るようにすると、運転技術を早く身につけることができ、安全でもある。

**問43** □ □ 睡眠作用のある頭痛薬を服用したときは、十分注意して運転しなければならない。

154

**問33** 荷物を見張るための<u>最小限の人</u>であれば、<u>許可を受けずに</u>荷台に乗せられます。

○

ここで覚える!

**問34** 図4は「転回禁止区間の終わり」の標示です。白い標示が規制の区間の<u>終わり</u>を意味します。

×

巻頭
試験に出る!
重要標識・標示

**問35** 警察官が通行方法を指示しているときは、<u>それに従って</u>通行しなければなりません。

○

ここで覚える!

**問36** <u>高齢者</u>マーク、<u>身体障害者</u>マーク、<u>聴覚障害者</u>マークを付けた車も同様に保護します。

×

P.34
暗記項目 **32**

**問37** 道路工事のためであっても、標識を<u>勝手に取りはずして</u>はいけません。

×

ここで覚える!

**問38** 衝撃力は<u>速度</u>と<u>重量</u>に応じて大きくなり、衝撃の作用が<u>短時間に行われる</u>ほど大きくなります。

○

ここで覚える!

**問39** 前照灯を上向きにすると歩行者や対向車の運転者が<u>まぶしくなって危険</u>です。

○

P.57
暗記項目 **60**

**問40** 徐行や停止、後退するときの合図は、<u>その行為をしようとするとき</u>に行います。

×

P.30
暗記項目 **27**

**問41** Ａ車は<u>優先道路</u>を通行しているので、<u>Ｂ車はＡ車の進行を妨げてはいけません</u>。

×

P.44
暗記項目 **42**

**問42** 最初から大型の二輪車に乗るのは<u>危険</u>です。小さい二輪車から<u>ステップアップする</u>のが安全です。

×

ここで覚える!

**問43** 眠気を<ruby>催<rt>もよお</rt></ruby>す薬を服用したときは、運転を<ruby>控える<rt>ひか</rt></ruby>ようにします。

×

P.9
暗記項目 **1**

---

 重要交通ルール解説

## 運転前に確認すること

### ❶運転免許証

<u>免許証</u>を携帯する。眼鏡等使用など、免許証に記載されている<u>条件</u>を守る。

### ❷強制保険の証明書

<u>自動車検査証</u>、強制保険（<u>自動車損害賠償責任保険</u>または<u>責任共済</u>）の証明書は車に備えつける。

### ❸運転計画

2時間に1回

地図などを見て、あらかじめ<u>ルート</u>や<u>所要時間</u>、<u>休憩場所</u>などの計画を立てる。長時間運転するときは、<u>2時間に1回は休息をとる</u>。

### ❹運転を控えるとき

<u>疲れている</u>とき、<u>病気</u>のとき、<u>心配事がある</u>ときなどは運転しない。<u>睡眠作用のあるかぜ薬</u>などを服用したときも運転を控える。

### ❺酒を飲んだとき

<u>少しでも酒を飲んだら、絶対に運転してはいけない</u>。また、<u>酒を飲んだ人に車を貸した</u>り、これから運転する人に<u>酒を勧めたり</u>してはいけない。

第5回　実戦模擬テスト

155

**問44** 普通自動二輪車の積載装置に、高さ2メートルの荷物を積んで
□□ 運転した。

**問45** 駐車ブレーキレバーの引きしろは、レバーをいっぱいに引いた
□□ とき、余裕があってはならない。

**問46** 黄色の灯火の矢印信号に従って進めるのは路面電車だけで、車
□□ や歩行者は進むことができない。

**問47** 高速道路の本線車道で、故障や燃料切れなどの理由により運
転することができなくなったときは、近くの非常電話でレッ
□□ カー車を呼ぶなどして、すみやかに移動しなければならない。

**問48** 運転中の視覚は、速度が上がるほど遠くの物を見るようになる
ため、近くから飛び出す歩行者や自転車を見落としやすくなり
□□ 危険である。

**問49** 標識や標示で最高速度が指定されていない高速自動車国道の本
線車道での、普通自動二輪車と大型自動二輪車の最高速度は、
□□ ともに時速100キロメートルである。

**問50** 図6の標示は、前方に横断歩道または自転車
□□ 横断帯があることを表している。

図6

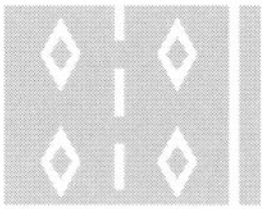

**問51** オートマチック車は、クラッチ操作がいらず、ハンドルも片手
□□ で操作できるので、運転中に携帯電話を操作してもかまわない。

**問52** 方向指示器によって自動車を発進させるときの合図は、進路変
□□ 更のときと同じ要領で行う。

**問53** 「歩行者専用」の道路標識のある道路は、自動車や原動機付自
□□ 転車はもちろん、軽車両も原則として通行することができない。

**問54**
□□ 普通免許を受ければ、大型特殊自動車を運転することができる。

**問44** 普通自動二輪車の積載装置に積める荷物の高さは、地上から2メートル以下です。 ✕

P.10  暗記項目 5

**問45** 駐車ブレーキレバーの引きしろは、適度な余裕がなければなりません。 ✕

ここで覚える！

**問46** 黄色の矢印信号では、自動車、原動機付自転車、軽車両、歩行者は進むことができません。 ◯

P.19  暗記項目 16

**問47** 本線車道上で車が動かなくなったときは、危険なので、レッカー車を呼ぶなどして、すみやかに車を移動します。 ◯

ここで覚える！

**問48** 速度が上がるほど近くが見えにくくなるので、速度を落として運転することが大切です。 ◯

P.12  暗記項目 8

**問49** 高速自動車国道の本線車道での、自動二輪車の法定最高速度は、時速100キロメートルです。 ◯

P.46  暗記項目 49

**問50** 図6は、「横断歩道または自転車横断帯あり」の標示です。 ◯

ここで覚える！

**問51** オートマチック車でも、走行中に携帯電話を手に持って操作しながら運転してはいけません。 ✕

P.13  暗記項目 12

**問52** 進路変更と同じように、安全を確認して右側の方向指示器で合図をします。 ◯

ここで覚える！

**問53** 歩行者専用道路を通行できる車は、沿道に車庫があるなどを理由に許可を受けた車だけです。 ◯

P.29  暗記項目 25

**問54** 普通免許で運転できるのは、普通自動車、小型特殊自動車、原動機付自転車で、大型特殊自動車は運転できません。 ✕

P.10  暗記項目 4

重要交通ルール解説

# 荷物の積載方法

## ❶大型自動車、中型自動車、準中型自動車、普通自動車

自動車の長さ×1.2以下
（自動車の長さ＋前後に各長さの10分の1以下）

自動車の幅×1.2以下
（自動車の幅＋左右に各幅の10分の1以下）

3.8メートル以下

三輪、660cc以下の普通自動車の場合、高さは地上から2.5メートル以下。

## ❷大型自動二輪車、普通自動二輪車、原動機付自転車

積載装置の長さ
＋0.3メートル以下

積載装置の幅
＋左右に0.15メートル以下

2メートル以下

**問55** 道路が渋滞してノロノロ運転の状態のときは、横断歩道上に停止してもやむを得ない。

**問56** オートマチック車のエンジンを始動するときは、チェンジレバーが「P」の位置にあることを確認しなければならない。

**問57** 走行中に大地震が発生したときは、一刻も早く車を止めることが大切なので、急ブレーキをかけた。

**問58** 二輪車でカーブを走行するときは、ギアをニュートラルに入れるのがよい。

**問59** 図7の標識のあるところでは、前方の信号に関係なく、まわりの交通に注意しながら左折することができる。

図7

**問60** 「原動機付自転車の右折方法（小回り）」の標識のある交差点では、原動機付自転車は青色の右向きの矢印信号で右折することができる。

**問61** 車の運転行動は、認知、判断、操作の繰り返しであり、交通事故を防ぐには、つねに危険を予測した運転をするように心がけることが必要である。

**問62** 全長が10メートルのトラックに、長さ13メートルの積載物を積むのは違反である。

**問63** 放置行為防止措置の指示がされていても、その車で放置行為を繰り返したからといって、自動車の使用が制限されることはない。

**問64** 同一の方向に2つの車両通行帯があるとき、普通自動車は右側の車両通行帯を通行し、その他の車両は左側の車両通行帯を通行しなければならない。

**問65** 普通自動車で故障車をロープやクレーンでけん引するときは、けん引する自動車を運転する免許があれば、けん引免許は必要ない。

**問 55** ✕ たとえ渋滞しているときでも、横断歩道の上に停止してはいけません。 ここで覚える!

**問 56** ◯ エンジンを始動するときのチェンジレバーの位置は、「P」にあることを確認しなければなりません。 ここで覚える!

**問 57** ✕ 急ブレーキはかけずに、できるだけ安全な方法で道路の左側に車を止めます。 P.58 暗記項目 **62**

**問 58** ✕ ニュートラルに入れるとエンジンブレーキが活用できないので、低速ギアに入れます。 ここで覚える!

**問 59** ✕ 図7は「進行方向別通行区分（左折）」の標識で、左折する車の通行区分であることを表します。 ここで覚える!

**問 60** ◯ 原動機付自転車は、他の自動車と同じように、信号に従って小回り右折することができます。 P.19 暗記項目 **16** P.43 暗記項目 **40**

**問 61** ◯ つねに危険を予測した運転を心がけることが、交通事故防止につながります。 ここで覚える!

**問 62** ◯ 積載できる長さは自動車の長さ×1.2倍の長さまでなので、設問の車の場合、12メートル以下の荷物しか積めません。 P.10 暗記項目 **5**

**問 63** ✕ 放置行為を繰り返すと、所有者に対して車の使用を制限されることがあります。 ここで覚える!

**問 64** ✕ 右側の通行帯は追い越しなどのためにあけておき、左側の通行帯を通行します。 P.29 暗記項目 **24**

**問 65** ◯ 故障車をロープなどでけん引するときは、けん引免許は必要ありません。 P.10 暗記項目 **4**

---

🚗 **重要交通ルール解説**

## オートマチック車のエンジンのかけ方

エンジンをかける前に、ブレーキペダルを踏んでその位置を確認し、アクセルペダルの位置を目で見て確認しておく。

ハンドブレーキがかかっており、チェンジレバーが「P」の位置にあることを確認してブレーキペダルを踏み、エンジンを始動する。

**問66** 住宅街を走行中、前方に見通しの悪い路地が近づいてきたので、警音器を鳴らして進行した。

□ □

**問67** 狭い坂道で下りの車が上りの車に道を譲るのは、上り坂での発進が難しいからである。

□ □

**問68** 図8の標識のある場所を通るときは、危険を避けるため、必ず警音器を鳴らさなければならない。

図8

□ □

**問69** ウェア・インジケータは、タイヤの空気圧を測るための器具である。

□ □

**問70** 違法駐車をして「放置車両確認標章」を取り付けられた車の使用者、運転者やその車の管理について責任がある人は、その車を運転するときに、この標章を取り除いてもよい。

□ □

**問71** 横断歩道や自転車横断帯とその手前30メートル以内の場所では、他の車を追い越したり、追い抜いたりすることはできない。

□ □

**問72** 自動二輪車を押して歩く場合は歩行者として扱われるが、この場合はエンジンを切らなければならない（側車付きのもの、けん引している場合を除く）。

□ □

**問73** 高速道路を走行するときは、タイヤが高速回転して熱くなったり、タイヤの空気圧が高かったりするので、事前に規定の空気圧よりやや低めにするのがよい。

□ □

**問74** 「大型乗用自動車等通行止め」の標識のあるところでも、マイクロバスであれば通行することができる。

□ □

**問75** 大型自動二輪車で高速道路を二人乗り通行するときは、大型二輪免許を受けて1年を経過していればよい。

□ □

**問76** 標識や標示で最高速度が指定されていない一般道路における準中型貨物自動車の最高速度は、時速50キロメートルである。

□ □

**問66** ✕ 指定場所と危険防止以外では、警音器を鳴らしてはいけません。 P.29 暗記項目 26

**問67** ◯ 上り坂で停止して発進するときは後退するおそれがあるので、狭い坂道では上りが優先です。 P.45 暗記項目 46

**問68** ◯ 「警笛鳴らせ」の標識のある場所では、どんな場合も、警音器を鳴らさなければなりません。 P.29 暗記項目 26

**問69** ✕ ウェア・インジケータは、空気圧ではなく、タイヤの磨耗限度を示すものです。 ここで覚える!

**問70** ◯ 交通事故防止のため、放置車両確認標章を取り除いて運転することができます。 P.53 暗記項目 57

**問71** ◯ 横断歩道や自転車横断帯とその手前30メートル以内の場所は、追い越し・追い抜きともに禁止されています。 P.40 暗記項目 38

**問72** ◯ エンジンを止めて押して歩かないと、歩行者として扱われません。 ここで覚える!

**問73** ✕ 高速走行するときは、タイヤの空気圧をやや高めにします。 ここで覚える!

**問74** ✕ 乗車定員11人以上の乗用自動車通行止めの標識なので、マイクロバス（乗車定員11〜29人）も通行できません。 ここで覚える!

**問75** ✕ 高速道路で二人乗りするためには、20歳以上で、かつ3年以上の経験が必要です。 P.47 暗記項目 51

**問76** ✕ 準中型貨物自動車の一般道路での法定速度は、時速60キロメートルです。 P.23 暗記項目 18

---

⚠️ 重要交通ルール解説

# 行き違いの方法

## ❶前方に障害物があるとき

障害物のある側が一時停止か減速をして、対向車に道を譲る。

## ❷片側が危険ながけのとき

路肩に寄りすぎない

がけ側の車が安全な場所に停止して、反対側の車に道を譲る。

## ❸狭い坂道のとき

下り
上り

原則として、下りの車が、発進の難しい上りの車に道を譲る。

近くに待避所があるときは、待避所のある側の車がそこに入って道を譲る。

**問77** □□ 二輪車でブレーキをかけるとき、前輪ブレーキだけを使うと、ハンドルのコントロールができなくなって危険なので、前後輪ブレーキは同時に操作する。

**問78** □□ 図9の標識のある道路で、最大積載量3トンのトラックを運転した。

図9

**問79** □□ 運転者が自動車に乗り降りするときは、とくに後方からの車の有無（うむ）を確認する。

**問80** □□ 急加速や急ハンドルによって後輪が横滑（すべ）りしたときは、まずアクセルペダルをゆるめ、ハンドル操作で車体の向きを立て直す。

**問81** □□ タクシーを運転するときは、車庫に回送する場合であっても、第二種免許が必要である。

**問82** □□ 前夜に酒を飲んで二日酔いであったが、運転には自信があったので、次の日の早朝に車で出勤した。

**問83** □□ 対向車線が渋滞（じゅうたい）している交差点を右折する場合は、対向車のかげから直進してくる二輪車に十分注意しなければならない。

**問84** □□ 車の内輪差（ないりんさ）は、曲がるときに徐行（じょこう）をすれば生じない。

**問85** □□ 図10の標識は、「駐停車禁止区間の始まり」を表しているので、この先から規制区間が終わるまで、駐停車してはならない。

図10

**問86** □□ 歩行者や自転車のそばを通るときは、安全な間隔（かんかく）をあけることができる場合でも徐行しなければならない。

**問87** □□ 黄色の中央線がある道路であったが、前車がノロノロ運転をしていたので、追い越しをするため、中央線をはみ出して走行した。

**問77**
○

二輪車のブレーキは、前後輪ブレーキを同時に操作するのが基本です。

ここで覚える！

**問78**
○

図9の標識は、最大積載量5トン以上の貨物自動車の通行止めを表すので、3トントラックは通行できます。

ここで覚える！

**問79**
○

とくに後続車の有無を十分確認して、自動車に乗り降りします。

ここで覚える！

**問80**
○

ブレーキをかけずに、後輪が横滑りした方向にハンドルを切って車の向きを立て直します。

P.58
暗記項目 **62**

**問81**
✕

タクシーを車庫に回送運転する場合は、第二種免許は必要ありません。

ここで覚える！

**問82**
✕

少しでも酒が残っていたら、車を運転してはいけません。

P.9
暗記項目 **1**

**問83**
○

安易に右折せず、車のかげから直進してくる二輪車に注意することが大切です。

ここで覚える！

**問84**
✕

内輪差はハンドルを切ると生じるので、速度と関係はありません。

ここで覚える！

**問85**
○

図10の標識は駐停車禁止区間の始まりを示しているので、この標識がある場所から先に車を止めてはいけません。

ここで覚える！

**問86**
✕

安全な間隔をあけることができれば、徐行する必要はありません。

P.33
暗記項目 **29**

**問87**
✕

黄色の中央線は、右側部分にはみ出す追い越し禁止を表します。

P.39
暗記項目 **37**

---

⚠ **重要交通ルール解説**

# 二輪車のブレーキのかけ方

垂直に

同時にブレーキ

車体を垂直に保ち、ハンドルを切らない状態でエンジンブレーキを効かせ、前後輪ブレーキを同時に使用する。

前輪ブレーキ
（右レバー）

後輪ブレーキ
（右ペダル）

乾燥した路面でブレーキをかけるときは、前輪ブレーキをやや強く、路面が滑りやすいときは、後輪ブレーキをやや強くかける。

**問88** 二輪車や四輪車は、ともにエンジンの力を使って走っている点では同じなので、運転技術も同じである。

□ □

**問89** 自動車から離れるときは、たとえ短時間であっても、危険防止のためにエンジンを止め、ハンドブレーキをかけておかなければならない。

□ □

**問90** 道路の曲がり角付近であっても、見通しのよいところでは徐行<sub>じょこう</sub>しなくてもよい。

□ □

**問91** 時速40キロメートルで右前方に駐車車両がある上り坂のカーブにさしかかったときは、どのようなことに注意して運転しますか？

□ □ （1）対向車は下り坂で加速がついており、そのまま走行してくると思われるので、減速してその付近で行き違わないようにする。

□ □ （2）自車は上り坂にさしかかっており、前方から来る対向車は停止して道を譲<sub>ゆず</sub>ると思われるので、このままの速度で進行する。

□ □ （3）対向車は中央線をはみ出してくると思われるので、その前に通行するため、加速して進行する。

**問92** 雪道を時速10キロメートルで進行中、歩行者が道路を横断しようとしているときは、どのようなことに注意して運転しますか？

□ □ （1）歩行者にはできるだけ早く横断してもらったほうがよいので、警音器<sub>けいおんき</sub>を鳴らして、道路を横断するよう促<sub>うなが</sub>す。

□ □ （2）歩行者は道路の中央で転倒するかもしれないので、エンジンブレーキを併用<sub>へいよう</sub>し、いつでも止まれる速度まで減速して進行する。

□ □ （3）歩行者は道路を横断しようと右側に向かっているので、歩行者が道路を横断中に左側端<sub>さそくたん</sub>に寄り、このままの速度で進行する。

**問88**

✕ 二輪車と四輪車は<u>構造上に違いがある</u>ので、<u>運転技術</u>も異なります。

ここで覚える!

**問89**

◯ 短時間でも<u>エンジンを止める</u>、<u>ハンドブレーキをかける</u>、エンジンキーを携帯するなどの措置をとります。

P.53
暗記項目 **58**

**問90**

✕ 道路の曲がり角付近では、<u>見通し</u>にかかわらず、<u>徐行</u>しなければなりません。

P.24
暗記項目 **21**

**問91**

### <u>上り坂</u>と<u>対向車の接近</u>に注目！

<u>下り坂</u>を走行する対向車は、<u>中央線をはみ出してくる</u>ことが考えられます。駐車車両付近で<u>行き違わないように</u>、速度を落として進行しましょう。

(1)
◯ 駐車車両付近で<u>行き違わない</u>ように、速度を落として、対向車を<u>先に</u>行かせます。

(2)
✕ 対向車は、<u>自車の通過を待ってくれる</u>とは限りません。

(3)
✕ <u>加速して進行すると</u>、中央線をはみ出してきた<u>対向車と正面衝突する</u>おそれがあります。

**問92**

### <u>わだち</u>と<u>歩行者</u>に注目！

雪道では、車はもちろん歩行者も<u>たいへん滑りやすく</u>なります。横断中の歩行者が<u>滑って転倒する</u>ことを考えた運転を心がけましょう。

(1)
✕ 歩行者の横断を促すために、<u>警音器を鳴らしては</u>いけません。

(2)
◯ 歩行者が<u>足を滑らせて転倒する</u>おそれがあるので、減速して進行します。

(3)
✕ <u>速度を落としたり停止したりする</u>などして、歩行者を安全に横断させます。

**問93** 時速10キロメートルで進行しています。交差点を直進するときは、どのようなことに注意して運転しますか?

□ □ (1) 前車が道路の手前で急に止まるかもしれないので、中央線寄りに進路を変えて、そのままの速度で進行する。

□ □ (2) 対向車は、前車のかげになっている自車に気づかず、先に右折するかもしれないので、その動きに注意して進行する。

□ □ (3) 前車が左折してから、安全を確認し、注意しながら進行する。

**問94** 時速30キロメートルで進行しています。どのようなことに注意して運転しますか?

□ □ (1) 左前方から自転車が来ており対向車もあるので、両方と同時に行き違うことのないように減速して進行する。

□ □ (2) 駐車している車のかげから歩行者が飛び出してくるかもしれないので、速度を落として進行する。

□ □ (3) 駐車している車のドアが急に開くかもしれないので、速度を落として進行する。

**問95** 時速50キロメートルで進行中、速度の遅い車に追いついたときは、どのようなことに注意して運転しますか?

□ □ (1) 対向車線の様子がよく見え、対向車との距離が十分あるので、すぐに追い越しを始める。

□ □ (2) 前方の遅い車の前に、ほかの車がいるかもしれないので、その確認ができるまで、このまま進行する。

□ □ (3) 対向する二輪車は車体が狭く、追い越しの途中でも行き違うことができるので、すぐに追い越しを始める。

### 問93 前方の左折車と対向の右折車に注目！

前方の左折車は、歩行者の横断に気づき、急停止するかもしれません。また、対向車は自車の存在に気づかずに、右折してくるおそれがあります。

**(1)** ✕ 対向車が自車の存在に気づかずに右折してきて、衝突するおそれがあります。

**(2)** 〇 右折しようとする対向車の動きに十分注意して進行します。

**(3)** 〇 前車が左折したあと、十分安全を確かめてから進行します。

### 問94 駐車車両のかげと自転車に注目！

駐車車両のかげから歩行者が飛び出してくるかもしれません。また、自転車と行き違うときは、安全な側方間隔を保って通行することが大切です。

**(1)** 〇 自転車と対向車の両方と同時に行き違うことのないように、減速して進行します。

**(2)** 〇 駐車車両のかげから歩行者が飛び出してくるおそれがあるので、速度を落として進行します。

**(3)** 〇 駐車車両のドアが急に開くおそれがあるので、速度を落として進行します。

### 問95 前方の車と対向車の有無に注目！

遅い車に追いついても、無理に追い越しを開始してはいけません。道路の状況、対向車の有無、速度差などを考えて、慎重に判断しましょう。

**(1)** ✕ すぐに追い越しを始めると、対向する二輪車と正面衝突するおそれがあります。

**(2)** 〇 前車の前に、ほかの車がいるおそれがあるので、このまま前車に追従します。

**(3)** ✕ 対向する二輪車との間隔が十分あけられずに、衝突するおそれがあります。

第**6**回

**実戦**
**模擬テスト**

問1～95を読み、正しいものは「○」、誤っているものは「×」と答えなさい。配点は問1～90が各1点、問91～95が各2点（3問とも正解の場合）。

制限時間
🕐
**50**分

合格点
✏️
**90**点以上

---

**問1**
□ □
高速道路で出口を間違えたときは、やむを得ないので、中央分離帯の切れ目のあるところで転回してもよい。

---

**問2**
□ □
自動二輪車は、側車付きのものであっても、エンジンを切って押して歩く場合は、歩行者として 扱 われる。

---

**問3**
□ □
オートマチック車のチェンジレバーの「L」は、急な上り坂や下り坂を走行するときに使用する。

---

**問4**
□ □
図1の標識は、この先の道路が合流交通になっていることを示している。

図1

黄

---

**問5**
□ □
深い水たまりを走行したあとは、ブレーキの効きが悪くなることがあるので注意しなければならない。

---

**問6**
□ □
運転中、雨が降り出したとき、ワイパーの動きが悪くなっていると前方が見えにくくなるので、ワイパーはつねに整備しておく必要がある。

---

**問7**
□ □
車両通行帯が黄色の線で区画されているところでは、左折や右折のためであっても、黄色の線を越えて進路変更してはならない。

---

**問8**
□ □
一方通行路ではない交差点付近以外で緊急自動車に進路を譲るときは、徐行をして道路の左側に寄らなければならない。

---

**問9**
□ □
警察官が標識や標示と異なる指示をしていても、標識や標示に従って運転しなければならない。

---

**問10**
□ □
車を運転中、同じ方向に進行しながら進路を左方に変えるときの合図の時期は、ハンドルを切り始めようとするときである。

---

| 正解 | ポイント解説 |
|---|---|

**問1** 高速道路の本線車道では、どんな場合も横断・転回・後退をしてはいけません。

P.47
暗記項目 **50**

**問2** たとえエンジンを切って押して歩く場合でも、側車付きやけん引しているときは、歩行者として扱われません。

 ここで覚える！

**問3** オートマチック車の「L」は、強力な動力やエンジンブレーキを使いたい設問のようなときに使用します。

 ここで覚える！

**問4** 図1は「合流交通あり」ではなく、「Y形道路交差点あり」を表す警戒標識です。

 ここで覚える！

**問5** ブレーキ装置に水が入ると、ブレーキの効きが悪くなることがあります。

 ここで覚える！

**問6** 雨が降り出しても視界を良好に保てるように、ワイパーは日ごろから整備しておきます。

P.11
暗記項目 **6**

**問7** 車両通行帯が黄色の線で区画されているときは、たとえ右左折のためでも、進路変更してはいけません。

P.30
暗記項目 **28**

**問8** 交差点付近以外では、徐行の義務はなく、道路の左側に寄って進路を譲ります。

P.35
暗記項目 **33**

**問9** 警察官と標識・標示の指示が異なるときは、警察官の指示に従わなければなりません。

 ここで覚える！

**問10** 左に進路を変えるときの合図は、進路を変えようとする約3秒前に行います。

P.30
暗記項目 **27**

## 高速道路で禁止されていること

❶駐停車（危険防止や故障などでやむを得ない場合を除く）

❷路肩や路側帯の通行

❸本線車道での転回、後退、中央分離帯の横切り

❹緊急自動車の本線車道への合流、本線車道からの離脱の妨害

第6回 実戦模擬テスト

169

**問11** □ □ 普通免許を受けていれば、乗車定員 11 人の乗用自動車を運転することができる。

**問12** □ □ 信号の黄色は「止まれ」の意味ではないので、停止線で安全に停止することができる場合であっても、急いでいるときはそのまま進行してよい。

**問13** □ □ 交差点を左折する場合は、左後方が見えにくいので、歩行者や自転車などの巻き込み事故を起こさないよう、十分注意しなければならない。

**問14** □ □ 図 2 の標識のあるところは、自動車はもちろん、原動機付自転車や軽車両も通行することができない。

図2

**問15** □ □ 道路に面したガソリンスタンドなどに出入りするために歩道や路側帯を横切るときは、歩行者がいなくても、一時停止しなければならない。

**問16** □ □ 総排気量 660cc 以下の普通貨物自動車の積み荷の高さ制限は、地上から 2.5 メートル以下である。

**問17** □ □ 踏切内でエンジンがかからなくなったときは、ギアをローかセカンドに入れ、セルモーターを使って車を動かすことができる（オートマチック車とクラッチスタートシステム装着車を除く）。

**問18** □ □ 普通自動車のナンバープレートは、自動車の後ろに取り付ければよく、自動車の前に付ける必要はない。

**問19** □ □ 高速自動車国道の本線車道での、総排気量 660cc 以下の普通自動車と大型貨物自動車の法定最高速度は同じである。

**問20** □ □ 標識などにより最高速度が時速 40 キロメートルに制限されている一般道路を走行する普通自動二輪車は、乗車用ヘルメットをかぶらなくてもよい。

**問21** □ □ 運転者が危険を感じてブレーキを踏み、ブレーキが実際に効き始めるまでの間に車が走る距離を空走距離、ブレーキが効き始めてから停止するまでの距離を制動距離という。

| 問 11 | 普通免許で運転できるのは、乗車定員 10 人以下なので、乗車定員 11 人の乗用自動車は運転できません。 |  P.9 暗記項目 **2** P.10 暗記項目 **4** |
|---|---|---|
| 問 12 | 黄色の灯火信号に変わったとき、停止線で安全に停止できる場合は、停止位置から先へ進んではいけません。 |  P.19 暗記項目 **16** |
| 問 13 | 左折するときは、歩行者や自転車などを巻き込まないよう、十分注意して運転する必要があります。 |  ここで覚える! |
| 問 14 | 図2は「車両通行止め」の標識で、自動車、原動機付自転車、軽車両は通行できません。 |  P.29 暗記項目 **25** |
| 問 15 | 歩道や路側帯を横切るときは、歩行者の有無にかかわらず、一時停止して安全を確かめます。 |  P.29 暗記項目 **25** |
| 問 16 | 三輪と設問の自動車は、地上から2.5メートル以下です。その他の普通自動車は地上 3.8 メートル以下です。 |  P.10 暗記項目 **5** |
| 問 17 | 踏切内でエンジンがかからなくなったときは、非常手段として、設問のように車を移動することができます。 |  ここで覚える! |
| 問 18 | ナンバープレートは、自動車の前と後ろの定められた位置に付けなければなりません。 |  ここで覚える! |
| 問 19 | 総排気量 660cc 以下の普通自動車は時速 100 キロメートル、大型貨物自動車は時速 80 キロメートルです。 |  P.46 暗記項目 **49** |
| 問 20 | 普通自動二輪車を運転するときは、必ず乗車用ヘルメットをかぶらなければいけません。 |  P.13 暗記項目 **11** |
| 問 21 | 空走距離と制動距離の意味は設問のとおりで、その2つを合わせた距離が停止距離になります。 |  P.23 暗記項目 **19** |

---

 **重要交通ルール解説**

## 通行禁止場所の原則と例外

### ❶歩道・路側帯

車は、原則として歩道や路側帯を通行してはいけない。

### ※通行できる例外

一時停止

道路に面した場所に出入りするために横切るときは通行できる(その直前で一時停止が必要)。

### ❷歩行者専用道路

車は、原則として歩行者専用道路を通行してはいけない。

### ※通行できる例外

許可証　　徐行

沿道に車庫を持つなどを理由に許可を受けた車は通行できる(歩行者に注意して徐行が必要)。

第6回　実戦模擬テスト

171

**問22** ☐ ☐ 二輪車で高速道路を走行中、落下物があると避けきれずに大きな事故となるおそれがあるので、視線はできるだけ遠方におくようにする。

**問23** ☐ ☐ 図3の矢印信号は、路面電車に対するものであって、路面電車以外の車は進むことはできない。

図3

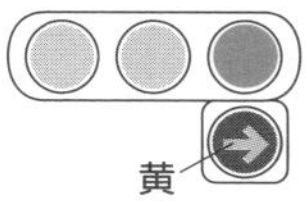

黄

**問24** ☐ ☐ 進路変更の合図を早く行いすぎると、他の車の迷惑になるので、進路変更の合図をしたらすぐハンドルを切るのが最も安全な方法である。

**問25** ☐ ☐ 自家用の普通乗用自動車は、6か月ごとに定期点検を行わなければならない。

**問26** ☐ ☐ 夜間、見通しの悪い交差点やカーブなどの手前では、他の車や歩行者に接近を知らせるため、前照灯を上向きにするか点滅させるのがよい。

**問27** ☐ ☐ 運転席のシートの背は、ハンドルに両手をかけたとき、ひじがわずかに曲がる状態に合わせる。

**問28** ☐ ☐ 雨で路面が濡れている道路を走行している場合は、乾燥した路面を走行しているときより、車間距離を長くとらなければならない。

**問29** ☐ ☐ 中型免許を受けた者は、乗車定員30人のバスを運転することができる。

**問30** ☐ ☐ 進路変更しようとするときは、あらかじめ安全を確認してから合図をしなければならない。

**問31** ☐ ☐ 図4の標示は、この中を通行してはいけないことを表している。

図4

**問32** ☐ ☐ 高速道路の本線車道を通行中、加速車線から緊急自動車が合流しようとしているときは、その進行を妨げてはならない。

**問 22** ○

危険を早く認知（にんち）するため、視線をできるだけ遠くにおいて運転します。

ここで覚える!

**問 23** ○

黄色の灯火の矢印信号で進めるのは路面電車だけで、それ以外の車は進んではいけません。

P.19
暗記項目 **16**

**問 24** ✕

進路変更の合図は、進路を変えようとする約3秒前に行います。

P.30
暗記項目 **27**

**問 25** ✕

自家用の普通乗用自動車の定期点検は、1年ごとに行います。

P.11
暗記項目 **7**

**問 26** ○

自車の接近を知らせるために、前照灯を上向きにするか点滅させます。

P.57
暗記項目 **60**

**問 27** ○

余裕（よゆう）をもってハンドル操作（そうさ）ができるように、ひじがわずかに曲がる状態にシートの背を合わせます。

P.12
暗記項目 **9**

**問 28** ○

雨の日は路面が滑（すべ）りやすいので、通常よりも2倍程度の車間距離が必要です。

P.23
暗記項目 **19**

**問 29** ✕

中型免許では、乗車定員29人までの自動車しか運転できないので、乗車定員30人のバスは運転できません。

P.9
暗記項目 **2**
P.10
暗記項目 **4**

**問 30** ○

あらかじめバックミラーなどで安全確認してから合図をして、その後もう一度安全確認してから進路変更します。

ここで覚える!

**問 31** ✕

図4は「停止禁止部分」の標示です。この中で停止してはいけませんが、通行することはできます。

巻頭
試験に出る!
重要標識・標示

**問 32** ○

緊急自動車が本線車道に入ろうとしているときは、その進行を妨（さまた）げてはいけません。

P.47
暗記項目 **50**

---

！ 重要交通ルール解説

## 正しい乗車姿勢

### ❶身体
ハンドルに正対する。

### ❷ひじ
窓枠にのせない。

### ❸座り方
深く腰かけ、背もたれに背中をつける。

### ❹座席の背の位置
ハンドルに両手をかけたとき、ひじがわずかに曲がるようにする。

### ❺座席の前後の位置
クラッチペダルを踏み込んだとき、ひざがわずかに曲がるようにする。

身体 / ひじ

座席の背の位置 / 座り方 / 座席の前後の位置

---

**問33** □ □ 車は道路状況や他の交通に関係なく、道路の中央から右側部分にはみ出して通行することは禁止されている。

**問34** □ □ 時差式信号のときは、対向車が発進しても前方の信号が青であるとは限らないので、必ず前方の信号を確認する必要がある。

**問35** □ □ 二輪車に乗るときは、体の露出がなるべく少なくなるような服装をし、できるだけプロテクターを着用するとよい。

**問36** □ □ 普通自動車が路線バス等優先通行帯を通行しようとする場合に、交通が混雑していて優先通行帯から出られなくなるおそれがあるときは、はじめからその通行帯を通行してはならない。

**問37** □ □ 自動車のラジエータとファンは、エンジンの過熱を防ぐ役割がある。

**問38** □ □ 普通自動車を運転するときは、ドアをロックし、同乗者が不用意に開けることのないように注意しなければならない。

**問39** □ □ 一方通行の道路の交差点を右折するときは、あらかじめできるだけ道路の中央に寄り、交差点の中心のすぐ内側を徐行して通行しなければならない。

**問40** □ □ 違法な駐停車は、付近の交通混雑を招くだけでなく、道路の見通しを悪くするため、歩行者などの飛び出し事故の原因となる。

**問41** □ □ 普通自動車は、この先で左折する場合であっても、図5の標示のある通行帯を通行してはいけない。

図5

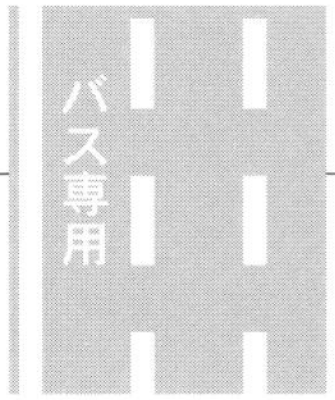

バス専用

**問42** □ □ 道路の左側部分の交通が混雑しているときは、中央線から右側部分にはみ出して通行することができる。

**問43** □ □ 信号機がある踏切で、青信号を示している場合でも、その直前で一時停止して、安全を確認しなければならない。

**問 33**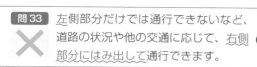
左側部分だけでは通行できないなど、道路の状況や他の交通に応じて、右側部分にはみ出して通行できます。

P.29

暗記項目 **24**

**問 34**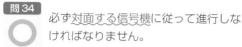
必ず対面する信号機に従って進行しなければなりません。

ここで覚える!

**問 35**
転倒時に身を守るため、体の露出が少ない服装をし、プロテクターを着用します。

P.13
暗記項目 **11**

**問 36**
交通が混雑してそこから出られなくなるおそれがあるときは、はじめからその通行帯を通行してはいけません。

ここで覚える!

**問 37**
ラジエータやファンは、エンジンの過熱（オーバーヒート）を防止する冷却装置です。

ここで覚える!

**問 38**
運転者は、ドアロックをして、同乗者の安全を守る義務と責任があります。

ここで覚える!

**問 39**
一方通行の道路では、あらかじめ道路の右端に寄り、交差点の内側を徐行しながら右折します。

P.43
暗記項目 **39**

**問 40**
交通を混雑させるだけでなく、死角をつくり、交通事故の原因になります。

ここで覚える!

**問 41**
普通自動車は、原則として路線バス等の「専用通行帯」を通行できませんが、右左折する場合などでは通行できます。

ここで覚える!

**問 42**
道路の左側部分が混雑していても、道路の中央から右側部分にはみ出して通行してはいけません。

P.29
暗記項目 **24**

**問 43**
青信号に従う場合は、踏切の直前で一時停止する必要はありません。

P.44
暗記項目 **43**

---

重要交通ルール解説

## 路線バス等の「専用通行帯」の標識・標示

標識

標示
午前7時から9時まで

指定車と小型特殊以外の自動車は、①右左折する場合、②工事などでやむを得ない場合以外は、専用通行帯を通行してはいけない。原動機付自転車、小型特殊自動車、軽車両は通行できる。

**問44** ☐ ☐ 交通事故を起こしたときは、車を安全な場所に移動して負傷者の応急救護処置を行い、そのあとで警察官に報告し、指示を受けなければならない。

**問45** ☐ ☐ 霧で視界が悪いときは、前方がよく見えるように霧灯（ないときは前照灯）を早めにつけ、必要に応じて警音器を鳴らすとよい。

**問46** ☐ ☐ 横断歩道や自転車横断帯を通過するときは、歩行者や自転車がいなくても、その直前で必ず一時停止しなければならない。

**問47** ☐ ☐ 道路工事の区域の端から5メートル以内は、駐停車禁止場所である。

**問48** ☐ ☐ 片側が転落のおそれのある狭い道路で行き違いをするときは、がけ側の車が安全な場所に停止して、対向車に進路を譲る。

**問49** ☐ ☐ 環状交差点に入るときは、環状交差点から30メートル手前の地点で合図を行う。

**問50** ☐ ☐ 図6のような運転者の手による合図は、後退することを表す。

図6

**問51** ☐ ☐ 二輪車を運転するときは、ブレーキをかけたときに前のめりにならないような正しい乗車姿勢を保つようにする。

**問52** ☐ ☐ 高速道路で追い越しをするときは、一時的に最高速度を超えてもよい。

**問53** ☐ ☐ 運転免許の停止や仮停止処分は、取り消し処分とは違うので、その期間中であっても、必要なときは運転してもよい。

**問54** ☐ ☐ 貨物自動車の荷台に人を乗せてはならないが、荷物の積みおろしのために必要な最小限の人を乗せることは例外的に認められている。

**問 44**

○

続発事故防止措置をして、負傷者を救護してから警察官に事故報告します。

P.58
暗記項目 **63**

**問 45**

○

霧灯や前照灯を早めにつけ、必要に応じて警音器を使用します。

P.57
暗記項目 **61**

**問 46**

✕

歩行者や自転車が明らかにいないときは、そのまま通行することができます。

P.33
暗記項目 **30**

**問 47**

✕

道路工事の区域の端から5メートル以内は駐車禁止場所で、停車は禁止されていません。

P.51
暗記項目 **53**

**問 48**

○

転落の危険のあるがけ側の車が停止して、対向車に進路を譲るようにします。

P.45
暗記項目 **46**

**問 49**

✕

環状交差点では、出るときは合図をしますが、入るときは合図を行いません。

P.30
暗記項目 **27**

**問 50**

✕

運転者が腕を車体の外に出し、斜め下に伸ばす合図は、徐行または停止することを表します。

P.30
暗記項目 **27**

**問 51**

○

ブレーキをかけたときに上体が前のめりにならないような正しい乗車姿勢で運転します。

P.13
暗記項目 **11**

**問 52**

✕

たとえ一時的でも、定められた最高速度を超えて運転してはいけません。

ここで覚える!

**問 53**

✕

免許の停止または仮停止期間中は免許の効力がなくなるので、運転してはいけません。

ここで覚える!

**問 54**

✕

例外として認められているのは、荷物を見張るための最小限の人と、警察署長の許可を受けた場合です。

ここで覚える!

---

!
重要交通ルール解説

## 交通事故のときの処置

### ❶続発事故の防止

他の交通の妨げにならないような場所に車を移動し、エンジンを止める。

### ❷負傷者の救護

負傷者がいる場合は、ただちに救急車を呼ぶ。救急車が到着するまでの間、止血などの可能な応急救護処置を行う。

### ❸警察官への事故報告

事故が発生した場所や状況などを警察官に報告する。

**問55** 交差点を右折するときに対向車が来ないことが明らかな場合は、徐行する必要はない。

□ □

**問56** 歩行者や自転車のそばを通るときは、安全な間隔をあけるか、徐行しなければならない。

□ □

**問57** 運転免許証は、紛失や盗難に備えて、事前に再交付してもらうとよい。

□ □

**問58** 自動車や原動機付自転車は、道路に面した場所に出入りするために横切る場合を除き、歩道や路側帯を通行してはならない。

□ □

**問59** 図7の標識のあるところでは、自動車は停車してはならない。

図7

停

□ □

**問60** 二輪車のブレーキをかけるときは、エンジンブレーキで速度を落とし、前後輪ブレーキを同時に使用するのが基本である。

□ □

**問61** 長距離運転のときは、コースや所要時間などの計画を立てて運転する必要があるが、短区間を運転するときは計画を立てる必要はない。

□ □

**問62** トンネル内での追い越しは危険を伴うので、車両通行帯があっても追い越しをしてはならない。

□ □

**問63** 雪道は停止距離が長くなるので、スリップ事故などを防ぐため、ブレーキは最初から強く踏む必要がある。

□ □

**問64** 停車とは、駐車にあたらない短時間の車の停止のことをいい、5分以内の荷物の積みおろしのための停止は停車になる。

□ □

**問65** 駐車車両のそばを通過するとき、人が乗っているのが見えたが、一時停止する義務はないので、注意することなくそのまま通過した。

□ □

**問 55** ✕
交差点を右折するときは、対向車の有無にかかわらず、徐行しなければなりません。
P.25 暗記項目 **22**

**問 56** ○
歩行者や自転車を保護するため、安全な間隔をあけるか徐行して進行します。
P.33 暗記項目 **29**

**問 57** ✕
紛失したり、盗難にあったりしていないのに、運転免許証の再交付を申請してはいけません。
ここで覚える!

**問 58** ○
自動車や原動機付自転車は、原則として歩道や路側帯を通行してはいけません。
P.29 暗記項目 **25**

**問 59** ✕
図7は「停車可」の標識なので、車は停車することができます。
ここで覚える!

**問 60** ○
エンジンブレーキで速度を落とし、前後輪ブレーキを同時にかけます。
ここで覚える!

**問 61** ✕
短区間を運転するときでも、計画を立てて運転することが必要です。
ここで覚える!

**問 62** ✕
車両通行帯のあるトンネル内での追い越しは、とくに禁止されていません。
P.40 暗記項目 **38**

**問 63** ✕
ブレーキは、最初はできるだけ軽くかけ、それから必要な強さまで徐々に踏んでいきます。
ここで覚える!

**問 64** ○
5分以内の荷物の積みおろしのための停止は、駐車ではなく停車になります。
P.51 暗記項目 **52**

**問 65** ✕
人が乗っている車は、急にドアが開いたり、車が急に発進したりすることがあるので注意が必要です。
ここで覚える!

**重要交通ルール解説**

## 停車になる行為

❶ すぐに運転できる状態の短時間の停止

❷ 人の乗り降りのための停止

❸ 5分以内の荷物の積みおろしのための停止

**問66**

□ □ 横断歩道や自転車横断帯とその手前から30メートルの間は、追い越しが禁止されているが、追い抜きは禁止されていない。

**問67**

□ □ 運転中は、前方の一点を注視（ちゅうし）するのがよい。

**問68**

□ □ 図8の標示は、安全地帯または路上障害物（しょうがい）に接近しつつあるので、矢印の方向に進まなければならないことを表している。

図8

**問69**

□ □ 二輪車でカーブを曲がるときは、カーブに入るときに速度を上げ、カーブを出るときに減速するとよい。

**問70**

□ □ 道路の左側の幅が6メートルの見通しのよい道路では、追い越しをするため、中央線をはみ出して通行することができる。

**問71**

□ □ 交差点またはその付近以外の道路で緊急（きんきゅう）自動車が近づいてきたので、道路の左側に寄って進路を譲（ゆず）った。

**問72**

□ □ 交通規則は、道路を利用する人が守らなくてはいけない共通の約束事であるが、自転車や歩行者には適用されない。

**問73**

□ □ 二輪車は四輪車に見落とされやすいので、大型車などの死角（しかく）に入らないようにすることが大切である。

**問74**

□ □ 踏切を通過するときは、エンストを防ぐために踏切内で早めに変速を行い、高速ギアで一気に通過するのがよい。

**問75**

□ □ 高速道路でやむを得ないときであっても、路肩（ろかた）や路側帯（ろそくたい）に駐車してはならない。

**問76**

□ □ 夕暮れ時は急に暗くなることがあり、目が慣れるまで視力が低下したまま運転することになるので、早めに前照灯（ぜんしょうとう）をつける。

**問 66**

✗ 歩行者や自転車を保護するため、設問の場所は、追い越しと追い抜きの<u>どちらも禁止</u>されています。

P.40

暗記項目 **38**

**問 67**

✗ <u>一点だけを見るのではなく</u>、つねに<u>広く等しく目配り</u>をしながら運転します。

ここで覚える!

**問 68**

○ 図8の標示は「<u>安全地帯または路上障害物に接近</u>」を表し、<u>矢印の方向に避</u>けて進行します。

ここで覚える!

**問 69**

✗ <u>カーブの手前</u>で速度を落とし、<u>カーブを出る</u>ときに徐々に速度を上げるようにします。

ここで覚える!

**問 70**

✗ 片側6メートル<u>以上</u>（6メートルを含む）の道路では、追い越しのため、<u>右側部分にはみ出して</u>はいけません。

P.29

暗記項目 **24**

**問 71**

○ 交差点付近以外のところでは、道路の<u>左側に寄って緊急自動車に進路を譲り</u>ます。

P.35

暗記項目 **33**

**問 72**

✗ 交通規則は、車を運転する人はもちろん、<u>自転車や歩行者</u>にも適用されます。

ここで覚える!

**問 73**

○ 二輪車は、とくに<u>左折する大型車の死角</u>に入らないような注意が必要です。

ここで覚える!

**問 74**

✗ 踏切内で変速すると<u>エンスト</u>する危険があるので、発進したときの<u>低速ギア</u>のまま、一気に通過します。

P.44

暗記項目 **43**

**問 75**

✗ 故障などでやむを得ない場合は、十分な幅のある<u>路肩</u>や<u>路側帯</u>に駐車することができます。

P.47

暗記項目 **50**

**問 76**

○ 夕暮れ時は、早めに<u>ライトを点灯</u>して<u>自車の存在</u>を周囲に知らせます。

ここで覚える!
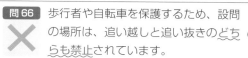

---

## 追い越しと追い抜きの違い

### ❶追い越し

中央線

進路を変える

車が進路を変えて、進行中の車の前方に出る行為をいう。

### ❷追い抜き

中央線

進路を変えない

車が進路を変えずに、進行中の車の前方に出る行為をいう。

第6回 実戦模擬テスト

181

**問77** トンネルに入るときは、視力が一時急激に低下するので、徐行<sub>じょこう</sub>
☐ ☐ しなければならない。

**問78** 図9の標識は、表示する交通規制の終わりを
☐ ☐ 示している。

図9

**問79** 自動車専用道路での大型貨物自動車の法定最高速度は、時速
☐ ☐ 80キロメートルである。

**問80** 電話をするために短時間車から離れるときは、エンジンを切る
☐ ☐ 必要はない。

**問81** オートマチック車のエンジン始動直後やエアコン作動時はエン
☐ ☐ ジンの回転数が高くなるが、自動調整されているので、急発進
するおそれはない。

**問82** 乗合バスやタクシーなどの旅客自動車を旅客運送のために運転
☐ ☐ しようとする場合は、第二種免許が必要である。

**問83** 夜間、二輪車を運転するときは、反射性のよい衣服や反射材の
☐ ☐ 付いた乗車用ヘルメットを着用するとよい。

**問84** 後ろの車に追い越されようとするとき、相手に追い越すための
☐ ☐ 十分な余地がないときは、進路を譲らなくてもよい。

**問85** 重量制限を超えて荷物を積むとブレーキの効きが悪くなり、停
☐ ☐ 止距離が長くなるだけでなく、振動や騒音などの交通公害の原
因となる。

**問86** 図10の標示のある交差点を右折するときは、
☐ ☐ 矢印の部分を通行しなければならない。

図10

**問87** 雨の日に高速走行すると、路面とタイヤの間に水がたまり、タ
☐ ☐ イヤが浮いた状態になり、ハンドル操作が効かなくなることが
ある。

**問 77**

トンネルに入るときは速度を落とすべきですが、<u>徐行場所</u>には指定されていません。

ここで覚える！

**問 78**

図9の標識は、「<u>一方通行</u>」を表す規制標識です。

巻頭
試験に出る！
重要標識・標示

**問 79**

自動車専用道路での法定最高速度は<u>一般道路と同じ</u>なので、時速 <u>60</u> キロメートルです。

P.46
暗記
項目 **49**

**問 80**

車から離れるときは、短時間でも、危険防止のために<u>エンジン</u>を止め、盗難防止のために<u>ドアロック</u>をします。

P.53
暗記
項目 **58**

**問 81**

エンジンの回転数が<u>高く</u>なると、<u>急発進</u>する危険があります。

ここで覚える！

**問 82**

旅客自動車を旅客運送のために運転するときは、<u>第二種免許</u>が必要です。

P.10
暗記
項目 **3**

**問 83**

夜間は、<u>視認性のよい衣服</u>や<u>ヘルメット</u>を身につけて運転します。

P.13
暗記
項目 **11**

**問 84**

追い越しに<u>十分な余地</u>がないときは、左に寄って<u>進路を譲らなければ</u>なりません。

ここで覚える！

**問 85**

<u>過積載</u>は、<u>停止距離が長くなる</u>などの危険があり、<u>振動</u>や<u>騒音</u>などの交通公害の原因にもなります。

ここで覚える！

**問 86**

図 10 の標示は「<u>右折の方法</u>」を表し、交差点を右折するときは、<u>矢印の部分</u>を通行しなければなりません。

ここで覚える！

**問 87**

雨に<u>濡</u>れた路面を高速走行すると、設問の「<u>ハイドロプレーニング現象</u>」が起こる場合があります。

ここで覚える！

---

重要交通ルール解説

## 徐行しなければならない場所

❶「<u>徐行</u>」の標識（下図）のある場所

徐行
SLOW

❷左右の見通しのきかない<u>交差点</u>

ただし、<u>交通整理</u>が行われている場合や、<u>優先道路</u>を通行している場合は、徐行の必要はない。

❸道路の<u>曲がり角</u>付近

❹<u>上り坂の頂上</u>付近

❺こう配の急な<u>下り坂</u>

**問88** 普通自動車でけん引することができるのは、1台だけである。

☐ ☐

**問89** こう配の急な坂は、上りも下りも徐行しなければならない場所
☐ ☐ である。

**問90** 前方の交通が混雑しているため、交差点内で停止するおそれが
☐ ☐ あるときは、進行方向の信号が青を表示していても、その交差
点に入ってはならない。

**問91** 右側に駐車車両がある道路
を時速40キロメートルで
進行しています。どのよう
なことに注意して運転しま
すか？

☐ ☐ （1）トラックのかげの歩行者は道路を横断するおそれがあるので、
ブレーキを数回に分けて踏み、いつでも止まれる速度に落とす。

☐ ☐ （2）左の路地から車が出てくるかもしれないので、中央線寄りを進
行する。

☐ ☐ （3）トラックのかげの歩行者はこちらを見ており、道路を横断する
ことはないので、このままの速度で進行する。

**問92** 夜間、時速20キロメート
ルで進行中、右側のガソリ
ンスタンドに入ろうとする
ときは、どのようなことに
注意して運転しますか？

☐ ☐ （1）前車は減速しないでそのまま右折できると思われるので、車間
距離をつめて進行する。

☐ ☐ （2）前車もガソリンスタンドに入ろうとしているかもしれないの
で、車間距離をつめて、前車に続いて右折する。

☐ ☐ （3）前車は急に減速するかもしれないので、斜めに道路を横断して
ガソリンスタンドに入る。

**問88**
普通自動車は、2台までけん引することができます。

ここで覚える！

**問89** 坂で徐行しなければならないのは、こう配の急な下り坂と上り坂の頂上付近です。

P.24
暗記項目 21

徐行

**問90** 前方が混雑しているため、交差点内で停止するおそれがあるときは、交差点に入ってはいけません。

ここで覚える！

**問91**

### トラックのかげと左側の路地に注目！

トラックの後方に荷物を運ぶ人が見えています。自車の存在に気づいていないおそれがあるので、速度を落として進行しましょう。

(1) 後続車に注意しながら、ブレーキを数回に分けて踏み、速度を落として進行します。 ○

(2) 中央線寄りを進行すると、歩行者が道路を横断してきたときに衝突するおそれがあります。 ✕

(3) こちらを見ていても道路を横断するおそれがあるので、速度を落とし、歩行者の横断に備えます。 ✕

**問92**

### 前車の動向と後続車に注目！

前車は、ガソリンスタンドに入るか、交差点を右折するか判断がつきません。後続車に注意しながら速度を落とし、前車の動向を観察しましょう。

(1) 前車は、手前のガソリンスタンドに入るため、急に減速するおそれがあります。 ✕

(2) 車間距離をつめると、前車が急に停止したときに衝突するおそれがあります。 ✕

(3) ガソリンスタンドに入る場合でも、斜めに道路を横断してはいけません。 ✕

**問93** 高速道路を時速80キロメートルで進行しています。どのようなことに注意して運転しますか?

□ □ (1)トンネルを出ると急に明るさが変わり、視力が低下するので、速度を落として走行する。

□ □ (2)トンネルから出ると、右の車線に流されるおそれがあるので、減速するとともに、乗車姿勢を低く保って横風に備える。

□ □ (3)トンネル内は危険なので、トンネルを出るまではこのままの速度を保ち、外に出たところで一気に加速する。

**問94** 時速30キロメートルで進行中、停止車両の側方を通過するときは、どのようなことに注意して運転しますか?

□ □ (1)対向車は来ていないようなので、そのままの速度で停止している車のそばを通過する。

□ □ (2)右側の子どもとの間に安全な間隔をとり、停止している車のそばを徐行して通過する。

□ □ (3)右にある施設から子どもたちが飛び出してくるかもしれないので、徐行して注意しながら進行する。

**問95** 高速道路を走行中、右の車が進路変更しようとしています。どのようなことに注意して運転しますか?

□ □ (1)前車との車間距離がなく危険なので、後続車に注意しながら速度を落とす。

□ □ (2)前車との車間距離がなく危険なので、速度を上げて、右の車が前方に入ってこないようにする。

□ □ (3)前車との車間距離がなく危険なので、安全を確かめてから左の車線に進路を変える。

### 問93 トンネルを出たときの風向きに注目！

トンネルの出口は、天候によって強い横風が吹くことがあります。吹き流しの角度を確認するとともに、速度を落として横風に備えましょう。

(1) ○ 明るさが急に変わると、視力が一時急激に低下するおそれがあるので、速度を落とします。

(2) ○ 横風に備え、減速して姿勢を低く保ちます。

(3) ✕ トンネルの外は横風が強いおそれがあるので、加速するのは危険です。

### 問94 車のかげと右側の施設に注目！

停止車両を避けようと右側に進路をとると、右側の施設から人が出てきて衝突するおそれがあります。速度を落として急な飛び出しに備えましょう。

(1) ✕ 車のかげから歩行者が急に飛び出してくるおそれがあります。

(2) ○ 子どもの動きと停止車両のかげに注意しながら通過します。

(3) ○ 右にある施設からの子どもの急な飛び出しに備えて進行します。

### 問95 車間距離と右側の車の動向に注目！

高速道路では、周囲の状況に目配りしながら、安全な車間距離をあけて走行します。右側の車は、急に進路変更するおそれがあります。

(1) ○ 後続車に注意しながら、速度を落として進行します。

(2) ✕ 速度を上げると、右の車が進路変更してきたときに衝突するおそれがあります。

(3) ○ 左の車線に進路を変えるのも、安全な運転行動です。

**第7回 実戦 模擬テスト**

問1～95を読み、正しいものは「○」、誤っているものは「×」と答えなさい。配点は問1～90が各1点、問91～95が各2点（3問とも正解の場合）。

制限時間 50分　合格点 90点以上

**問1**
□□ 高速道路で本線車道に合流するときは、本線車道を通行する車より加速車線を通行する車が優先する。

**問2**
□□ 歩行者専用道路は、原則として自動車の通行が禁止されているが、原動機付自転車や軽車両は通行することができる。

**問3**
□□ 車の放置行為とは、違法駐車をした運転者が車を離れてただちに運転することができない状態にすることをいう。

**問4**
□□ 夜間、対向車と行き違うときは、前照灯を減光するか、下向きに切り替えなければならない。

**問5**
□□ 図1の標識は、自転車だけの通行のために設けられた道路を表している。

図1

**問6**
□□ 標識や標示で指定されていない一般道路における大型貨物自動車の最高速度は、時速50キロメートルである。

**問7**
□□ 工事現場の鉄板や路面電車のレールなどが雨で濡れている場所での急ハンドルや急ブレーキは、横転や横滑りしやすい。

**問8**
□□ 二輪車の運転は風の影響を受けやすいので、できるだけ前かがみの姿勢で運転するのがよい。

**問9**
□□ 分割できない荷物を積載制限を超えて運搬するときは、出発地の警察署長の許可を受け、荷物の見やすいところに、0.3メートル平方以上の白い布を付けなければならない。

**問10**
□□ 二輪免許を受けて1年を経過していない人が普通自動二輪車を運転するときは、初心者マークを表示しなければならない。

を右ページに当て、解いていこう。重要語句もチェック！

| 正解 | ポイント解説 |
|---|---|

**問1**
加速車線を通行する車は、本線車道を通行する車の進行を妨げてはいけません。
ここで覚える!

**問2**
原動機付自転車や軽車両も、原則として歩行者専用道路を通行できません。
P.29 暗記項目 25

**問3**
放置行為は違法駐車になるので、禁止されています。
ここで覚える!

**問4**
対向車の運転者がまぶしくないように、前照灯を減光するか下向きに切り替えます。
P.57 暗記項目 60

**問5**
図1は「自転車専用」を表し、自転車だけの通行のために設けられた道路です。
ここで覚える!

**問6**
大型貨物自動車の一般道路での法定速度は、時速60キロメートルです。
P.23 暗記項目 18

**問7**
設問の場所はとても滑りやすいので、急ブレーキや急ハンドルは危険です。
ここで覚える!

**問8**
二輪車は、背すじを伸ばし、視線を前方に向けた正しい姿勢で運転します。
P.13 暗記項目 11

**問9**
荷物に付けるのは白い布ではなく、0.3メートル平方以上の赤い布です。
ここで覚える!

**問10**
初心者マークは、準中型自動車と普通自動車を運転するときに付けるマークです。
P.34 暗記項目 32

**重要交通ルール解説**

## 人を乗せるときの注意点

 =

12歳未満の子どもを乗せるときは、子ども3人を大人2人として計算する。

座席以外のところには、原則として人を乗せてはいけない。

## 荷台に人を乗せることができるとき

最小限の人

荷物を見張るための最小限の人。

許可証

出発地の警察署長の許可を受けたとき。

**問11** □ □ 子どもが１人で歩いているそばを通るときは、必ず一時停止しなければならない。

**問12** □ □ 対向車と正面衝突のおそれが生じたときは、警音器とブレーキを同時に使い、できる限り左側に避け、衝突の寸前まであきらめないで、少しでもブレーキとハンドルでかわすのがよい。

**問13** □ □ 風が強くハンドルを取られるとき、速度を落とすとかえって不安定になるので、速度を上げて走行するとよい。

**問14** □ □ 交差点の手前に図２の標識がある場合は、自分の通行している道路が優先道路であることを示している。

図２

**問15** □ □ 集団で走行するツーリングを快適で楽しいものにするためには、計画を立てて走行するのがよい。

**問16** □ □ 長い下り坂を走行中にフットブレーキが効かなくなったので、ブレーキを数回踏んで手早く減速チェンジし、ハンドブレーキを引いた。

**問17** □ □ 警察官が手信号による交通整理を行っている場合は、これに従わなければならないが、交通巡視員の手信号には従わなくてもよい。

**問18** □ □ 身体障害者用の車いすで通行している人は、歩行者ではなく、軽車両になる。

**問19** □ □ 車に働く遠心力は、速度が３倍になると６倍になる。

**問20** □ □ 進路の前方に障害物があるときは、一時停止か減速をして、対向車に進路を譲る。

**問21** □ □ ミニカー、小型二輪車、原動機付自転車は、高速道路を通行することができない。

**問 11** 徐行か一時停止をして、子どもが安全に通行できるようにします。 P.34 暗記項目 31

**問 12** 設問のようにして、道路外が安全な場所であれば、そこに出て衝突を回避します。 ここで覚える!

**問 13** 速度を上げると危険なので、速度を落として走行します。 ここで覚える!

**問 14** 図2の標識は、自分の通行している道路（標識がある側）が優先道路であることを表します。 巻頭 試験に出る!重要標識・標示

**問 15** ツーリングは、初心者に無理のない運転計画を立てることが大切です。 ここで覚える!

**問 16** 下り坂でフットブレーキが効かなくなったときは、手早く減速チェンジし、ハンドブレーキを引きます。 P.58 暗記項目 62

**問 17** 交通巡視員の手信号にも、従わなければなりません。 ここで覚える!

**問 18** 身体障害者用の車いすで通行している人は、軽車両ではなく、歩行者になります。 ここで覚える!

**問 19** 遠心力は速度の二乗に比例するので、速度が3倍になると9倍になります。 P.12 暗記項目 8

**問 20** 障害物のある側の車が一時停止か減速をして、反対方向からの車に道を譲ります。 P.45 暗記項目 46

**問 21** 総排気量 125cc 以下、または定格出力 1.0 キロワット以下の原動機を有する普通自動二輪車が小型二輪車です。 P.46 暗記項目 48

---

⚠️ 重要交通ルール解説

## 緊急事態が起きたとき

### ❶エンジンの回転数が上がったまま下がらない

ギアをニュートラルにし、ブレーキをかけて速度を落とす。ゆるやかにハンドルを切って道路の左端に車を止め、エンジンスイッチを切る。

### ❷下り坂でブレーキが効かない

手早く減速チェンジをして、ハンドブレーキを引く。それでも停止しないときは、道路わきの土砂に突っ込むなどして車を止める。

### ❸走行中にタイヤがパンクした

ハンドルをしっかり握り、車体をまっすぐに保つ。アクセルを戻して速度を落とし、断続ブレーキで道路の左端に止める。

**問22** 同一の方向に3つの車両通行帯のある道路で、普通自動車が最も右側の車両通行帯を走り続けた。

□ □

**問23** 図3の信号に対面するすべての車は、矢印の方向に進むことができる。

図3

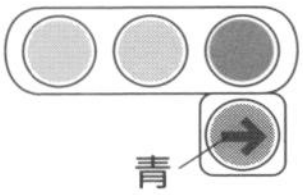

□ □

青

**問24** 普通貨物自動車が、荷物の積みおろしのために10分間停止する行為は、駐車にはならない。

□ □

**問25** 自家用の大型自動車、普通貨物自動車、大型特殊自動車は、1日1回、運行する前に日常点検を行わなければならない。

□ □

**問26** 暑い季節に二輪車を運転するとき、体の露出部分の多いほうが疲労せずにすむので、安全運転につながる。

□ □

**問27** 踏切の遮断機が下り始めたときは、踏切に入ってはならない。

□ □

**問28** 路面電車を追い越そうとするときは、原則としてその左側を通行する。

□ □

**問29** 道路標識などにより路線バス等優先通行帯が指定されている通行帯を普通自動車で走行中、後方から通園バスが近づいてきたが、路線バスではないのでそのまま進行した。

□ □

**問30** 自動車損害賠償責任保険証明書は、交通事故を起こしたときに必要なものであるから、車の中には置かずに、自宅で大切に保管しなければならない。

□ □

**問31** 図4の標識は、この先の道路では強い横風の吹くおそれがあることを示しているので、ハンドルを取られないように注意する。

図4

□ □

黄

**問32** 標識により追い越しが禁止されているところでは、自動車が原動機付自転車を追い越すことも禁止されている。

□ □

**問22**  最も右側の通行帯は追い越しなどのためにあけておき、それ以外の通行帯を通行します。

P.29
暗記項目 24

**問23**  青色の灯火の矢印信号では、軽車両と二段階の方法で右折する原動機付自転車は、右折できません。

P.19
暗記項目 16

**問24**  5分を超える荷物の積みおろしのための停止は、駐車に該当します。

P.51
暗記項目 52

**問25**  設問の車両は、1日1回、運行前に日常点検を行います。

P.11
暗記項目 6

**問26**  転倒したときに備え、体の露出の少ない服装で、できるだけプロテクターを着用します。

P.13
暗記項目 11

**問27**  踏切の遮断機が下りているときや、下り始めたときは、踏切に入ってはいけません。

ここで覚える！

**問28**  軌道が左端に寄って設けられている場合を除き、路面電車の左側を追い越します。

ここで覚える！

**問29**  通園バスも「路線バス等」に含まれるので、他の通行帯に出て進路を譲らなければなりません。

P.35
暗記項目 34

**問30**  強制保険の証明書は自宅ではなく、車の中に備えつけておかなければなりません。

P.9
暗記項目 1

**問31** 図4の標識は「横風注意」の警戒標識なので、横風に対する注意が必要です。

ここで覚える！

**問32** 追い越し禁止場所では、原動機付自転車であっても、追い越しをしてはいけません。

ここで覚える！

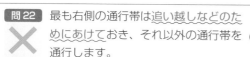

## 重要交通ルール解説

# 追い越しの方法

### ❶車を追い越すとき

右側を通行

前の車を追い越すときは、原則としてその右側を通行する。

※左側を通行する例外

左側を通行

前の車が右折するため道路の中央（一方通行路では右端）に寄って通行しているときは、その左側を通行する。

### ❷路面電車を追い越すとき

左側を通行

路面電車を追い越すときは、原則としてその左側を通行する。

※右側を通行する例外

右側を通行

軌道が道路の左端に寄って設けられているときは、その右側を通行する。

**問33**

□ □ 平坦な直線の雪道や凍った道路では、スノータイヤやタイヤチェーンをつけていれば、スリップや横滑りすることはない。

**問34**

□ □ 高速自動車国道では最低速度が法律で定められているので、悪天候などで状況が悪くても、最低速度以下の速度で走行すると違反となる。

**問35**

□ □ パーキングチケット発給設備のある時間制限駐車区間では、パーキングチケットの発給を受けると、標識で表示されている時間内の駐車をすることができる。

**問36**

□ □ 車両通行帯のある道路で、みだりに通行帯を変えながら通行すると、後続車の迷惑となったり、事故の原因にもなったりするので、同一の車両通行帯を通行する。

**問37**

□ □ 踏切とその端から前後10メートル以内の場所では、駐車や停車をしてはならない。

**問38**

□ □ 運転中に携帯電話を手に持っての使用は危険なので、あらかじめ電源を切っておくか、ドライブモードにして呼出音が鳴らないようにするとよい。

**問39**

□ □ オートマチック車は、エンジンを始動する前に、ブレーキペダルを踏んでその位置を確認し、アクセルペダルの位置を目で確認するのがよい。

**問40**

□ □ 原動機付自転車の荷台には、60キログラムまで荷物を積むことができる。

**問41**

□ □ 図5の標識は、路肩が崩れやすいから注意する必要があることを表している。

図5

黄

**問42**

□ □ 駐車したとき、車の右側の道路上に3.5メートル以上の余地が残せなくなる場所には、原則として駐車をしてはならない。

**問43**

□ □ 転回するときの合図の時期と方法は、右折するときと同じである。

**問 33** チェーンなどをつけていてもスリップするおそれがあるので、慎重に運転します。 ×

ここで覚える!

**問 34** 悪天候などで道路状況が悪いときは、最低速度以下で走行できます。 ×

ここで覚える!

**問 35** 設問の場合は、パーキングチケットの発給を受け、標識で表示されている時間内の駐車ができます。 ○

ここで覚える!

**問 36** みだりに進路を変えながら通行してはいけません。 ○

ここで覚える!

**問 37** 踏切とその端から前後 10 メートル以内は、駐停車禁止場所に指定されています。 ○

P.51 暗記項目 54

**問 38** 携帯電話を手に持って使用することは、危険なので禁止されています。 ○

P.13 暗記項目 12

**問 39** 誤操作を防止するため、エンジンを始動する前に、ペダルを踏んだり、位置を目で見たりして確かめます。 ○

ここで覚える!

**問 40** 原動機付自転車の荷台に積める荷物の重量制限は、30 キログラム以下です。 ×

P.10 暗記項目 5

**問 41** 図5は、「落石のおそれあり」の警戒標識です。 ×

ここで覚える!

**問 42** 荷物の積みおろしで運転者がすぐ運転できるときや、傷病者の救護のためやむを得ないとき以外は駐車できません。 ○

P.52 暗記項目 55

**問 43** 転回しようとする地点から 30 メートル手前で、右側の方向指示器などで合図をします。 ○

P.30 暗記項目 27

**重要交通ルール解説**

## 10メートル以内での駐停車が禁止されている場所

❶踏切と、その端から前後 10 メートル以内の場所

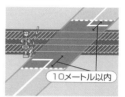

10メートル以内

❷安全地帯の左側と、その前後 10 メートル以内の場所

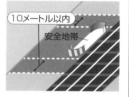

10メートル以内
安全地帯

❸バス、路面電車の停留所の標示板（柱）から 10 メートル以内の場所（運行時間中に限る）

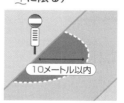

10メートル以内

195

**問44**

□ □

横断歩道のない交差点やその近くを横断している歩行者がいるときは、警音器を鳴らして注意を促すとよい。

**問45**

□ □

二輪車の正しい乗車姿勢は、とくに決まったものはなく、運転しやすければよい。

**問46**

□ □

交通整理の行われていない道幅が同じような道路の交差点では、車は路面電車の進行を妨げてはならない。

**問47**

□ □

交通量の少ない夜間でも、引き続き8時間以上、道路上に駐車してはならない（特定の村の指定された区域内を除く）。

**問48**

□ □

歩道がある道路で駐停車するときは、車道の左端に沿わなければならない。

**問49**

□ □

横断歩道を通行するとき、横断歩道を横断しようとする人を認めたので、急いで通過した。

**問50**

□ □

図6のBを通行する車は、Aを通行する車の進行を妨げてはならない。

図6

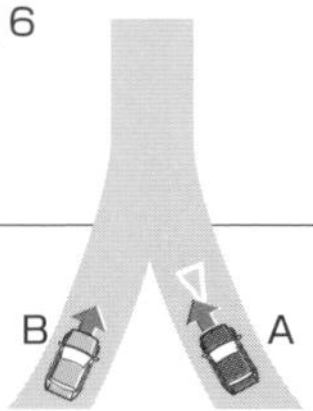

**問51**

□ □

車両通行帯のない道路では、原則として高速車は中央寄りの部分を通行しなければならない。

B ▷ A

**問52**

□ □

二段階の方法で右折する原動機付自転車は、交差点の手前30メートルの地点で右折の合図をしなければならない。

**問53**

□ □

人の乗り降りのための停止でも、5分を超えれば駐車になる。

**問54**

□ □

ひき逃げを見かけたときは、負傷者を救護するとともに、その車のナンバー、車種、色など車の特徴を110番通報などで警察官に届け出をする。

**問44** ✕ 警音器は鳴らさずに、速度を落として歩行者の通行を<u>妨げ</u>ないようにします。

P.29
<u>暗記項目</u> **26**

**問45** ✕ <u>肩の力</u>を抜いてひじを<u>わずか</u>に曲げるなど、安全運転するための<u>正しい乗車姿勢</u>で運転します。

P.13
<u>暗記項目</u> **11**

**問46** ◯ 設問のような交差点では、<u>路面電車</u>がどの方向からきても、<u>車</u>はその進行を妨げてはいけません。

P.44
<u>暗記項目</u> **42**

**問47** ◯ 夜間は<u>8</u>時間以上、昼間は<u>12</u>時間以上、道路上の同じ場所に引き続き<u>駐車</u>してはいけません。

P.53
<u>暗記項目</u> **59**

**問48** ◯ <u>歩道</u>には入らずに、<u>車道の左端</u>に沿って車を止めます。

P.52
<u>暗記項目</u> **56**

**問49** ✕ 横断歩道を横断しようとしている人がいるときは、その手前で<u>一時停止</u>して、道を<u>譲らなければなりません</u>。

P.33
<u>暗記項目</u> **30**

**問50** ✕ 図6は「<u>前方優先道路</u>」を表し、<u>標示のあるA</u>を通行する車はBを通行する車の進行を妨げてはいけません。

巻頭
<u>試験に出る!</u>
重要標識・標示

**問51** ✕ すべての自動車は、原則として道路の<u>左</u>に寄って通行しなければなりません。

P.29
<u>暗記項目</u> **24**

**問52** ◯ 二段階右折する原動機付自転車は、交差点の手前<u>30</u>メートルの地点で<u>右折</u>の合図を行います。

ここで覚える!

**問53** ✕ 人の乗り降りのための停止は、<u>時間に</u>かかわらず停車になります。

P.51
<u>暗記項目</u> **52**

**問54** ◯ ひき逃げを見かけたら、車のナンバーなどを<u>警察官に報告</u>します。

ここで覚える!

---

📝 重要交通ルール解説

## 原動機付自転車が二段階右折しなければならない交差点

❶ <u>交通整理</u>が行われていて、車両通行帯が<u>3</u>つ以上ある道路の交差点

❷ 「<u>原動機付自転車の右折方法（二段階）</u>」の標識（下図）がある道路の交差点

※二段階右折の方法

①あらかじめできるだけ道路の<u>左端</u>に寄る。
②交差点の<u>30</u>メートル手前で<u>右折</u>の合図をする。
③青信号で徐行しながら、交差点の<u>向こう側</u>まで進む。
④この地点で止まって<u>右</u>に向きを変え、<u>合図</u>をやめる。
⑤前方の信号が<u>青</u>になってから進行する。

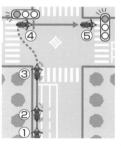

第7回 実戦模擬テスト

197

**問55** 二輪車に乗る人は、最初は小型の車種から始め、熟練度に応じて大型の車種に乗るようにするのがよい。

☐ ☐

**問56** 夜間は視界が悪く、視線を遠くに向けやすいので、できるだけ車のすぐ前に集中して運転する。

☐ ☐

**問57** 普通自動車で車両総重量 750 キログラム以下の車をけん引するときは、けん引する自動車を運転できる免許のほかにけん引免許が必要である。

☐ ☐

**問58** 貨物自動車の荷台に荷物を積むときの幅は、左右にそれぞれ自動車の幅の 10 分の 1 を超えてはならない。

☐ ☐

**問59** 図 7 の標示は、立入り禁止部分であることを表している。

☐ ☐

図 7

黄

**問60** トンネルを通行するときは、右側の方向指示器を出すか、非常点滅表示灯をつけながら走行しなければならない。

☐ ☐

**問61** 盲導犬を連れた人が歩いていたので、徐行をして注意しながら運転した。

☐ ☐

**問62** 上り坂の頂上付近やこう配の急な下り坂では、自動車や原動機付自転車を追い越すことが禁止されている。

☐ ☐

**問63** バスの運行時間外であれば、停留所の標示板（柱）から 10 メートル以内でも、駐停車することができる。

☐ ☐

**問64** 雨の日に普通自動車を運転中、狭い道路で対向車と行き違うときは、できるだけ左側に寄り、路肩を通行したほうがよい。

☐ ☐

**問65** 左折するときは、内輪差をなくすため、いったんハンドルを右に切ってから左にハンドルを切るとよい。

☐ ☐

**問 55** ○ いきなり大型車に乗るのは<u>危険</u>なので、<u>運転経験に合った車種</u>を選ぶことが大切です。  ここで覚える!

**問 56** ✕ 視線はできるだけ<u>先のほう</u>へ向け、少しでも早く<u>障害物を発見</u>するよう努めます。  ここで覚える!

**問 57** ✕ 総重量 <u>750</u> キログラム以下の車をけん引するときは、けん引免許は<u>必要ありません</u>。  P.10 暗記項目 4

**問 58** ○ 左右にそれぞれ自動車の幅の<u>10</u> 分の 1 を超えて、荷物を積んではいけません。  P.10 暗記項目 5

**問 59** ○ 図7は「<u>立入り禁止部分</u>」の標示で、車はこの中に<u>入って</u>はいけません。  P.29 暗記項目 25

**問 60** ✕ トンネルを通行するときに、<u>設問のような規定はありません</u>。  ここで覚える!

**問 61** ○ 盲導犬を連れた人が歩いているときは、<u>一時停止か徐行</u>をして保護します。  P.34 暗記項目 31

**問 62** ○ 上り坂の頂上付近やこう配の急な下り坂は、<u>追い越し禁止場所</u>に指定されています。  P.40 暗記項目 38

**問 63** ○ 駐停車が禁止されているのは、<u>バスの運行時間中</u>に限られます。  P.51 暗記項目 54

**問 64** ✕ 路肩（路端から<u>0.5</u> メートル部分）は<u>軟弱で崩れやすい</u>ので、二輪を除く自動車は<u>通行して</u>はいけません。  ここで覚える!

**問 65** ✕ 左折するときは、<u>右</u>にハンドルを切らずに、<u>交差点の側端</u>に沿わなければなりません。  ここで覚える!

---

📖 重要交通ルール解説

## 左折時と右折時の注意点

### ❶左折するとき

軌跡の差

交差点を左折するときは、内輪差による二輪車などの巻き込みに注意する。内輪差は、曲がるとき、後輪が前輪より内側を通ることによる、前後輪の軌跡の差をいい、大型車になるほど内輪差は大きくなる。

### ❷右折するとき

右折しようとして先に交差点に入っていても、直進や左折する車や路面電車があるときは、その進行を妨げてはならない。

**問66** 一般道路で自動二輪車の二人乗りをするときは、20歳以上で、二輪免許を受けて3年を経過しなければならない。

□ □

**問67** 交差点の中まで中央線や車両通行帯境界線が引かれている道路は、優先道路である。

□ □

**問68** 図8の標識のある通行帯を通行中の原動機付自転車は、路線バスが近づいてきたとき、すみやかにその通行帯から出なければならない。

図8

□ □

**問69** 交差点の手前で緊急自動車が近づいてきたのを認めたので、交差点に入るのを避け、左側に寄って一時停止した。

□ □

**問70** 普通免許では、普通自動車のほか、小型特殊自動車と原動機付自転車を運転することができる。

□ □

**問71** 前方の車が発進しようとしていたので、一時停止して道を譲った。

□ □

**問72** 危険物を運搬するときは、危険物を運搬中であることを示す標示板を掲げるようにする。

□ □

**問73** 後車に追い越されようとするとき、相手に追い越しをするための十分な余地がない場合は、あえて進路を譲る必要はない。

□ □

**問74** 高速道路を走行中は、タイヤが高速回転して熱くなり、タイヤの空気圧が高くなるので、点検のときは規定の空気圧よりやや高めにするのがよい。

□ □

**問75** 二輪車でぬかるみや砂利道を通過するときは、高速ギアに入れ、すばやく通過してしまうのがよい。

□ □

**問76** 夜間、一般道路に駐停車するときは、車の後方に停止表示器材を置いても、非常点滅表示灯、駐車灯または尾灯をつけなければならない。

□ □

**問 66** ✕ 設問の条件は高速道路で二人乗りする場合で、一般道路は二輪免許を受けて1年を経過すれば二人乗りができます。

ここで覚える！

**問 67** ○ 交差点の中まで線が引かれている道路は、優先道路を表します。

ここで覚える！

**問 68** ✕ 原動機付自転車は、路線バスが近づいてきても、「路線バス等優先通行帯」から出る必要はありません。

P.35
暗記項目 **34**

**問 69** ○ 交差点付近では、交差点を避け、道路の左側に寄って一時停止します。

P.35
暗記項目 **33**

**問 70** ○ 普通免許では、普通自動車以外に、小型特殊自動車と原動機付自転車も運転できます。

P.10
暗記項目 **4**

**問 71** ○ 前車が発進しようとしているときは、その発進を妨げないようにします。

ここで覚える！

**問 72** ○ 危険物を運搬中であることを示す標示板を掲げ、包装や積載を確実にします。

ここで覚える！

**問 73** ✕ 道路の左側に寄って、追い越そうとする車に進路を譲ります。

ここで覚える！

**問 74** ○ 高速道路を走行するときは、タイヤの空気圧をやや高めにします。

ここで覚える！

**問 75** ✕ 低速ギアに入れ、速度を一定に保ちながら通過します。

ここで覚える！

**問 76** ✕ 一般道路では、停止表示器材を置けば、非常点滅表示灯などをつけずに駐停車できます。

ここで覚える！

---

**問77** □□ 前方の信号が黄色に変わったとき、交差点の手前の停止位置に近づいていて、安全に停止することができなかったので、交差点に進入して停止し、信号が変わるのを待った。

**問78** □□ 図9のような道路では、路側帯（ろそくたい）の中に入って駐車や停車をすることはできない。

図9

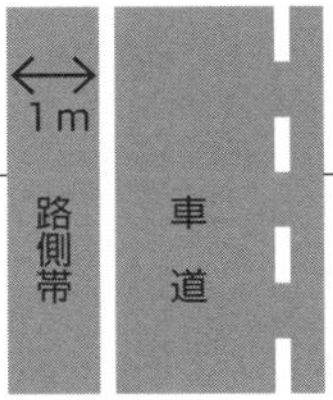

←→
1m

路側帯　車道

**問79** □□ 普通自動車の所有者は、自動車の使用の本拠（ほんきょ）となる位置から2キロメートル以内の道路以外の場所に、自動車の保管場所を確保する。

**問80** □□ 信号に従って交差点を左折するときは、横断する歩行者がいなければ徐行（じょこう）しなくてもよい。

**問81** □□ 補助標識は、本標識の意味を補足する場合に用いられるもので、単独で示されることはない。

**問82** □□ 災害が発生し、区域を指定して緊急通行車両以外の車両の通行が禁止されたときは、車を道路外の場所に移動すれば、区域外まで移動させなくてもよい。

**問83** □□ 四輪車で走行中、エンジンの回転数が上がり、故障（こしょう）のために下がらなくなったときは、まずギアをニュートラルにして、車輪にエンジンの力をかけないようにする。

**問84** □□ カーブを通行するときは外側に遠心力（えんしん）が働くが、二輪車より四輪車のほうが遠心力の影響（えいきょう）を受けやすい。

**問85** □□ 図10の標識のある道路では、この先の路面に凹凸があり、他の道路へ迂回（うかい）しなければならないことを示している。

図10

黄

**問86** □□ 前を走る原動機付自転車が自動車を追い越そうとしているときに前車を追い越す行為は、二重追い越しにはならない。

**問87** □□ 横断歩道の直前に停止している車があるときは、そのそばを通って前方に出る前に一時停止しなければならない。

**問 77** ✕ 安全に停止できないときは、<u>交差点内に停止する</u>のではなく、そのまま進行して交差点を出ます。 P.19 暗記項目 **16**

**問 78** ✕ 幅が <u>0.75</u> メートルを超える白線1本の路側帯では、<u>中に入り</u>、左側に <u>0.75</u> メートル以上の余地を残します。 P.52 暗記項目 **56**

**問 79** ○ 道路以外の自宅などから<u>2キロメートル以内</u>に、普通自動車の<u>保管場所を確保</u>します。 P.53 暗記項目 **59**

**問 80** ✕ 交差点を左折するときは、<u>つねに徐行</u>しなければなりません。 P.25 暗記項目 **22**

**問 81** ○ 補助標識は<u>本標識に取り付けられ</u>、単独で用いられることはありません。 P.17 暗記項目 **13**

**問 82** ○ 車を<u>道路外</u>の場所に移動すれば、<u>区域外</u>まで移動する必要はありません。 ここで覚える!

**問 83** ○ 設問のようにし、<u>路肩</u>などの<u>安全な場所</u>に移動し、停止したあとに<u>エンジンスイッチ</u>を切ります。 P.58 暗記項目 **62**

**問 84** ✕ 同じ速度であれば、二輪車も四輪車も<u>同等に遠心力が作用</u>します。 ここで覚える!

**問 85** ✕ 図10は「<u>路面凹凸あり</u>」の警戒標識ですが、他の道路へ<u>迂回しなければならない意味はありません</u>。 ここで覚える!

**問 86** ✕ 二重追い越しとして禁止されているのは、前車が<u>自動車</u>を追い越そうとしているとき、<u>前車を追い越す行為</u>です。 P.39 暗記項目 **36**

**問 87** ○ 停止車両の前方に出る前に<u>一時停止</u>して、安全を確認しなければなりません。 P.33 暗記項目 **30**

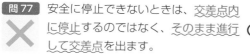

## 重要交通ルール解説

### 標識の種類

標識は<u>本標識</u>と<u>補助標識</u>に分けられ、本標識には4種類ある（下記❶〜❹）。

#### ❶規制標識

特定の交通方法を<u>禁止</u>したり、特定の交通方法に従って通行するよう<u>指定</u>したりするもの。

#### ❷指示標識

特定の交通方法ができることや、道路交通上決められた場所などを<u>指示</u>するもの。

#### ❸警戒標識

道路上の<u>危険</u>や<u>注意すべき状況</u>などを、前もって道路利用者に知らせて<u>注意を促す</u>もので、黄色の<u>ひし形</u>。

[例]
踏切あり

黄

#### ❹案内標識

地点の名称、方面、距離などを示して、<u>通行の便宜</u>を図ろうとするもの。緑色は<u>高速道路</u>に関するもの。

[例]
入口の方向

緑

#### ❺補助標識

<u>本標識</u>に取り付けられ、その意味を<u>補足</u>するもの。

**問88** 緊急用務のために運転していない消防用自動車は緊急自動車にはならないので、とくに進路を譲る必要はない。

□ □

**問89** 道路の左端や信号機に「左折可」の標示板があるときは、横断歩行者よりも左折する車が優先する。

□ □

**問90** 原動機付自転車は、工事用安全帽を乗車用ヘルメットとすることができる。

□ □

**問91** 高速道路の本線車道を時速80キロメートルで進行中、加速車線に車がいるときは、どのようなことに注意して運転しますか？

□ □ （1）左の車が本線車道に入りやすいように、加速しないで進行する。

□ □ （2）加速車線の車は、本線車道にいる自車の進行を妨げるおそれはないので、加速して進行する。

□ □ （3）加速車線の車が急に本線車道に入ってくるかもしれないので、右後方の安全を確認したあと、右側に進路を変更する。

**問92** 時速40キロメートルで進行中、左側の二輪車が突然、右の方向指示器で合図をしたときは、どのようなことに注意して運転しますか？

□ □ （1）左側にいる二輪車は、右折しようとして自分の前に進路変更してくるかもしれないので、その前に加速して追い抜く。

□ □ （2）対向車は右折のため、直進する自車の通過を待ってくれるので、急いで通過する。

□ □ （3）二輪車は自車を気づきやすい位置にいて、進路変更してくることはないので、そのままの速度で走行する。

**問88**

○

サイレンを鳴らし、赤色の警光灯をつけて緊急用務のために運転している消防用自動車が緊急自動車になります。

ここで覚える！

**問89**

✕

「左折可」の標示板があれば左折できますが、歩行者の通行を妨げてはいけません。

P.19
暗記項目 **16**

「左折可」の標示板

**問90**

✕

工事用安全帽は乗車用ヘルメットとはならないので、運転できません。

P.13
暗記項目 **11**

**問91**

### 合流する車と後続車に注目！

高速道路の合流地点では、合流しやすいように本線車道の車が進路を譲る場合があります。加速しないで、安全に合流させてあげましょう。

(1)

○

左の車が本線車道に入りやすいように、加速しないで進行します。

(2)

✕

加速車線の車は、急に本線車道に合流してくるおそれがあります。

(3)

○

危険を予測して右側に進路変更するのは、正しい運転行動です。

**問92**

### 二輪車と対向車の動きに注目！

二輪車は右折レーンに気づき、急に進路変更してくるかもしれません。また、対向車は自車の通過を待ってくれるとは限らないので注意が必要です。

(1)

✕

加速すると、二輪車が進路変更してきたときに衝突するおそれがあります。

(2)

✕

対向車は自車の通過を待ってくれるとは限らず、先に右折するおそれがあります。

(3)

✕

二輪車は自車に気づかずに進路変更するおそれがあります。

**問93** 時速40キロメートルで進行しています。どのようなことに注意して運転しますか？

□ □ （1）前方のカーブは見通しが悪く、対向車がいつ来るかわからないので、速度を落とし、カーブの入口付近で警音器を鳴らす。

□ □ （2）対向車が自車の進路の前に出てくることがあるので、できるだけ左に寄って注意しながら進行する。

□ □ （3）カーブ内は対向車と行き違うのに十分な幅がないので、対向車が来ないうちに速度を上げて通過する。

**問94** 時速40キロメートルで進行中、対向車線が渋滞しています。どのようなことに注意して運転しますか？

□ □ （1）対向車の間から歩行者が出てくるかもしれないので、警音器を鳴らし、このままの速度で進行する。

□ □ （2）左側の自転車が急に道路を横断するかもしれないので、ブレーキを数回に分けて踏み、速度を落として進行する。

□ □ （3）後続の二輪車が自車の右側を進行してくると危険なので、できるだけ中央線に寄ってこのままの速度で進行する。

**問95** 時速30キロメートルで進行中、前方が渋滞しているときは、どのようなことに注意して運転しますか？

□ □ （1）後ろに自動車がいるので、停止を知らせるため、ブレーキを数回に分けてかける。

□ □ （2）左側の歩行者はバスに乗るため、自車の進路の前に出てくるかもしれないので注意して進行する。

□ □ （3）路面が濡れており、強くブレーキをかけると滑りやすいので、急ブレーキにならないように十分注意する。

M02

### 問93　工事中の表示と左側の標識に注目！

道路の右側は工事中のため、対向車が右側に出て
くるかもしれません。「警笛鳴らせ」の標識に従い、
警音器を鳴らして自車の接近を知らせます。

(1) ○ 警音器を鳴らし、対向車の接近に十分注意して、
速度を落として進行します。

(2) ○ 対向車の接近に備え、左側に寄って進行します。

(3) × 速度を上げると、対向車が出てきたときに衝突
するおそれがあります。

### 問94　右側の車のかげと自転車に注目！

右側の車のかげから歩行者が急に飛び出してくる
かもしれません。また、自転車が道路を横断するお
それもあるので、速度を落として進行しましょう。

(1) × 警音器は鳴らさずに、速度を落として進行します。

(2) ○ 後続車に注意しながら速度を落とし、自転車の横
断に備えます。

(3) × 中央線に寄って進行すると、歩行者の急な飛び出
しに対処できません。

### 問95　路面の状態と歩行者の行動に注目！

雨が降っているので、急ブレーキをかけるとスリッ
プするおそれがあります。歩行者の行動に注意し、
ブレーキを数回に分けてかけ、減速します。

(1) ○ 後続車に注意しながら、ブレーキを数回に分けて
かけ、速度を落として進行します。

(2) ○ 左側の歩行者の動向に注意して進行します。

(3) ○ 路面が滑りやすいので、ブレーキをかけるときは
十分注意します。

●著者

# 長　信一（ちょう　しんいち）

1962 年、東京都生まれ。1983 年、都内の自動車教習所に入所。
1986 年、運転免許証の全種類を完全取得。指導員として多数の
合格者を送り出すかたわら、所長代理を務める。現在、「自動車運
転免許研究所」の所長として、書籍や雑誌の執筆を中心に活躍中。
『１回で合格！ 普通免許完全攻略問題集』『フリガナつき！ 原付
免許ラクラク合格問題集』『１回で合格！ 第二種免許完全攻略
問題集』（いずれも弊社刊）など、著書は 200 冊を超える。


●**本文イラスト**　風間 康志
　　　　　　　　　HOPBOX
●**編集協力**　　　knowm（間瀬 直道）
●**DTP**　　　　　HOPBOX
●**企画・編集**　　成美堂出版編集部（原田 洋介・芳賀 篤史）

本書に関する正誤等の最新情報は、下記のアドレスで確認することができます。
http://www.seibidoshuppan.co.jp/info/menkyo-ptf2205

上記 URL に記載されていない箇所で正誤についてお気づきの場合は、書名・
発行日・質問事項・ページ数・氏名・郵便番号・住所・FAX 番号を明記の上、
郵送または FAX で成美堂出版までお問い合わせください。
※電話でのお問い合わせはお受けできません。
※本書の正誤に関するご質問以外にはお答えできません。また受験指導など
　は行っておりません。
※ご質問の到着確認後、10 日前後で回答を普通郵便または FAX で発送いた
　します。

## 赤シート対応 絶対合格! 普通免許出題パターン攻略問題集

### 2022年 6 月10日発行

著　者　長 信一（ちょう しん いち）

発行者　深見公子

発行所　成美堂出版
　　　　〒162-8445　東京都新宿区新小川町 1 - 7
　　　　電話(03) 5206-8151 FAX(03) 5206-8159

印　刷　広研印刷株式会社

©Cho Shinichi 2022　PRINTED IN JAPAN
ISBN978-4-415-33132-4
落丁・乱丁などの不良本はお取り替えします
定価はカバーに表示してあります

# 道路標識・標示 一覧表

| 通行止め | 車両通行止め | 車両進入禁止 | 二輪の自動車以外の自動車通行止め | 大型貨物自動車等通行止め |
|---|---|---|---|---|
|  |  |  |  |  |
| 車、路面電車、歩行者のすべてが通行できない | 車（自動車、原動機付自転車、軽車両）は通行できない | 車はこの標識がある方向から進入できない | 二輪を除く自動車は通行できない | 大型貨物、特定中型貨物、大型特殊自動車は通行できない |

| 大型乗用自動車等通行止め | 二輪の自動車・原動機付自転車通行止め | 大型自動二輪車及び普通自動二輪車二人乗り通行禁止 | 自転車通行止め | 車両（組合せ）通行止め |
|---|---|---|---|---|
|  | |  |  |  |
| 大型乗用、特定中型乗用自動車は通行できない | 大型・普通自動二輪車、原動機付自転車は通行できない | 大型・普通自動二輪車は二人乗りで通行できない | 自転車は通行できない | 標示板に示された車（自動車、原動機付自転車）は通行できない |

| タイヤチェーンを取り付けていない車両通行止め | | 指定方向外進行禁止 | | |
|---|---|---|---|---|
|  |  |  |  |  |
| タイヤチェーンをつけていない車は通行できない | 車は矢印の方向以外には進めない | 右折禁止 | 直進・右折禁止 | 左折・右折禁止 |

| 車両横断禁止 | 転回禁止 | 追越しのための右側部分はみ出し通行禁止 | 追越し禁止 | 駐停車禁止 |
|---|---|---|---|---|
|  |  |  |  |  |
| 車は右折を伴う右側への横断をしてはいけない | 車は転回してはいけない | 車は道路の右側部分にはみ出して追い越しをしてはいけない | 車は追い越しをしてはいけない | 車は駐車や停車をしてはいけない（8時〜20時） |

規制標識

# 道路標識・標示一覧表

| 駐車禁止 | 駐車余地 | 時間制限<br>駐車区間 | 危険物積載車両<br>通行止め | 重量制限 |
|---|---|---|---|---|
|  |  |  |  |  |
| 車は駐車をしてはいけない<br>（8時〜20時） | 車の右側の道路上に指定の余地（6m）がとれないときは駐車できない | 標示板に示された時間（8時〜20時の60分）は駐車できる | 爆発物などの危険物を積載した車は通行できない | 標示板に示された総重量（5.5ｔ）を超える車は通行できない |

| 高さ制限 | 最大幅 | 最高速度 | 最低速度 | 自動車専用 |
|---|---|---|---|---|
|  |  |  |  |  |
| 地上から標示板に示された高さ（3.3m）を超える車は通行できない | 標示板に示された横幅（2.2m）を超える車は通行できない | 標示板に示された速度（時速50km）を超えてはいけない | 自動車は標示板に示された速度（時速30km）に達しない速度で運転してはいけない | 高速道路（高速自動車国道または自動車専用道路）であることを表す |

| 自転車専用 | 自転車及び<br>歩行者専用 | 歩行者専用 | 一方通行 | 自転車一方通行 |
|---|---|---|---|---|
|  |  |  |  | |
| 自転車専用道路を示し、普通自転車以外の車と歩行者は通行できない | 自転車および歩行者専用道路を示し、普通自転車以外の車は通行できない | 歩行者専用道路を示し、車は通行できない | 車は矢印の示す方向と反対方向には進めない | 自転車は矢印の示す方向と反対方向には進めない |

| 車両通行区分 | 特定の種類の<br>車両の通行区分 | 牽引自動車の<br>高速自動車国道<br>通行区分 | 専用通行帯 | 普通自転車<br>専用通行帯 |
|---|---|---|---|---|
|  |  |  | |  |
| 標示板に示された車（二輪・軽車両）が通行しなければならない区分を表す | 標示板に示された車（大貨等）が通行しなければならない区分を表す | 高速自動車国道の本線車道でけん引自動車が通行しなければならない区分を表す | 標示板に示された車（路線バス等）の専用通行帯であることを表す | 普通自転車の専用通行帯であることを表す |

規制標識

| 規制標識 | 路線バス等優先通行帯 | 牽引自動車の自動車専用道路第一通行帯通行指定区間 | 進行方向別通行区分 | 環状の交差点における右回り通行 | 原動機付自転車の右折方法（二段階） |
|---|---|---|---|---|---|
| |  |  |  | | |
| | 路線バス等の優先通行帯であることを表す | 自動車専用道路でけん引自動車が最も左側の通行帯を通行しなければならない指定区間をあらわす | 交差点で車が進行する方向別の区分を表す | 環状交差点であり、車は右回りに通行しなければならない | 交差点を右折する原動機付自転車は二段階右折しなければならない |

規制標識

| 原動機付自転車の右折方法（小回り） | 平行駐車 | 直角駐車 | 斜め駐車 | 警笛鳴らせ |
|---|---|---|---|---|
|  |  |  |  | |
| 交差点を右折する原動機付自転車は小回り右折しなければならない | 車は道路の側端に対して、平行に駐車しなければならない | 車は道路の側端に対して、直角に駐車しなければならない | 車は道路の側端に対して、斜めに駐車しなければならない | 車と路面電車は警音器を鳴らさなければならない |

| 警笛区間 | 徐行 | 一時停止 | 歩行者通行止め | 歩行者横断禁止 |
|---|---|---|---|---|
|  |  |  |  |  |
| 車と路面電車は区間内の指定場所で警音器を鳴らさなければならない | 車と路面電車はすぐ止まれる速度で進まなければならない | 車と路面電車は停止位置で一時停止しなければならない | 歩行者は通行してはいけない | 歩行者は道路を横断してはいけない |

指示標識

| | 並進可 | 軌道敷内通行可 | 高齢運転者等標章自動車駐車可 | 駐車可 | 高齢運転者等標章自動車停車可 |
|---|---|---|---|---|---|
| 指示標識 |  |  |  | |  |
| | 普通自転車は2台並んで進める | 自動車は軌道敷内を通行できる | 標章車に限り駐車が認められた場所（高齢運転者等専用場所）であることを表す | 車は駐車できる | 標章車に限り停車が認められた場所（高齢運転者等専用場所）であることを表す |

## 指示標識

| 停車可 | 優先道路 | 中央線 | 停止線 | 自転車横断帯 |
|---|---|---|---|---|
|  |  |  |  |  |
| 車は停車できる | 優先道路であることを表す | 道路の中央、または中央線を表す | 車が停止するときの位置を表す | 自転車が横断する自転車横断帯を表す |

| 横断歩道 | | 横断歩道・自転車横断帯 | 安全地帯 | 規制予告 |
|---|---|---|---|---|
|  |  |  |  |  |
| 横断歩道を表す。右側は児童などの横断が多い横断歩道であることを意味する | | 横断歩道と自転車横断帯が併設された場所であることを表す | 安全地帯であることを表し、車は通行できない | 標示板に示されている交通規制が前方で行われていることを表す |

## 補助標識

| 距離・区域 | 日・時間 |
|---|---|
|  この先100m ここから50m 市内全域 |  日曜・休日を除く 8 - 20 |
| 本標識の交通規制の対象となる距離や区域を表す | 本標識の交通規制の対象となる日や時間を表す |

| 車両の種類 | 始まり |
|---|---|
| 大 貨 原付を除く  | → ここから |
| 本標識の交通規制の対象となる車を表す | 本標識の交通規制の区間の始まりを表す |

| 区間内・区域内 | 終わり |
|---|---|
| ←→ 区域内 | ← ここまで  |
| 本標識の交通規制の区間内、または区域内を表す | 本標識の交通規制の区間の終わりを表す |

## マーク・標示板

| 初心運転者標識 | 高齢運転者標識 |
|---|---|
|  |  |
| 免許を受けて1年未満の人が自動車を運転するときに付けるマーク | 70歳以上の人が自動車を運転するときに付けるマーク |

| 身体障害者標識 | 聴覚障害者標識 |
|---|---|
|  |  |
| 身体に障害がある人が自動車を運転するときに付けるマーク | 聴覚に障害がある人が自動車を運転するときに付けるマーク |

| 仮免許練習標識 | 左折可(標示板) |
|---|---|
| 仮免許 練習中 |  |
| 運転の練習をする人が自動車を運転するときに付けるマーク | 前方の信号にかかわらず、車はまわりの交通に注意して左折できる |

| | 入口の方向 | 入口の予告 | 方面及び距離 | 方面及び車線 | 方面及び方向の予告 |
|---|---|---|---|---|---|
| **案内標識** |  高速道路の入口の方向を表す | 高速道路の入口の予告を表す |  方面と距離を表す |  方面と車線を表す |  方面と方向の予告を表す |
| | 方面、方向及び道路の通称名 | 方面、車線及び出口の予告 | 方面及び出口 | 出口 | 高速道路番号 |
| |  方面と方向、道路の通称名を表す | 方面と車線、出口の予告を表す | 高速道路の方面と出口を表す |  高速道路の出口を表す |  高速道路番号を表す |
| | サービス・エリア又は駐車場から本線への入口 | 待避所 | 非常駐車帯 | 駐車場 | 登坂車線 |
| |  サービス・エリアや駐車場から本線への入口を表す | 待避所であることを表す | 非常駐車帯であることを表す | 駐車場であることを表す |  登坂車線であることを表す |

| | 十形道路交差点あり | T形道路交差点あり | Y形道路交差点あり | ロータリーあり | 右(左)方屈曲あり |
|---|---|---|---|---|---|
| **警戒標識** |  この先に十形道路の交差点があることを表す |  この先にT形道路の交差点があることを表す |  この先にY形道路の交差点があることを表す |  この先にロータリーがあることを表す |  この先の道路が右(左)方に屈曲していることを表す |
| | 右(左)方屈折あり | 右(左)背向屈曲あり | 右(左)背向屈折あり | 右(左)つづら折りあり | 踏切あり |
| |  この先の道路が右(左)方に屈折していることを表す |  この先の道路が右(左)背向屈曲していることを表す |  この先の道路が右(左)背向屈折していることを表す |  この先の道路が右(左)つづら折りしていることを表す |  この先に踏切があることを表す |

## 警戒標識

| 学校、幼稚園、保育所等あり | 信号機あり | すべりやすい | 落石のおそれあり | 路面凹凸あり |
|---|---|---|---|---|
|  |  |  |  |  |
| この先に学校、幼稚園、保育所などがあることを表す | この先に信号機があることを表す | この先の道路がすべりやすいことを表す | この先が落石のおそれがあることを表す | この先の路面に凹凸があることを表す |
| 合流交通あり | 車線数減少 | 幅員減少 | 二方向交通 | 上り急勾配あり |
|  |  |  |  |  |
| この先で合流する交通があることを表す | この先で車線が減少することを表す | この先の道幅がせまくなることを表す | この先が二方向交通の道路であることを表す | この先がこう配の急な上り坂であることを表す |
| 下り急勾配あり | 道路工事中 | 横風注意 | 動物が飛び出すおそれあり | その他の危険 |
|  |  |  |  |  |
| この先がこう配の急な下り坂であることを表す | この先の道路が工事中であることを表す | この先は横風が強いことを表す | この先は動物が飛び出してくるおそれがあることを表す | 前方に何か危険があることを表す |

## 規制標示

| 転回禁止 | 追越しのための右側部分はみ出し通行禁止 | | 進路変更禁止 | |
|---|---|---|---|---|
| 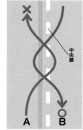 |  | |  | |
| 車は転回してはいけない（8時〜20時） | A・Bどちらの車も黄色の線を越えて追い越しをしてはいけない | Aを通行する車はBにはみ出して追い越しをしてはいけない（BからAへは禁止されていない） | A・Bどちらの車も黄色の線を越えて進路変更してはいけない | Bを通行する車はAに進路変更してはいけない（AからBへは禁止されていない） |

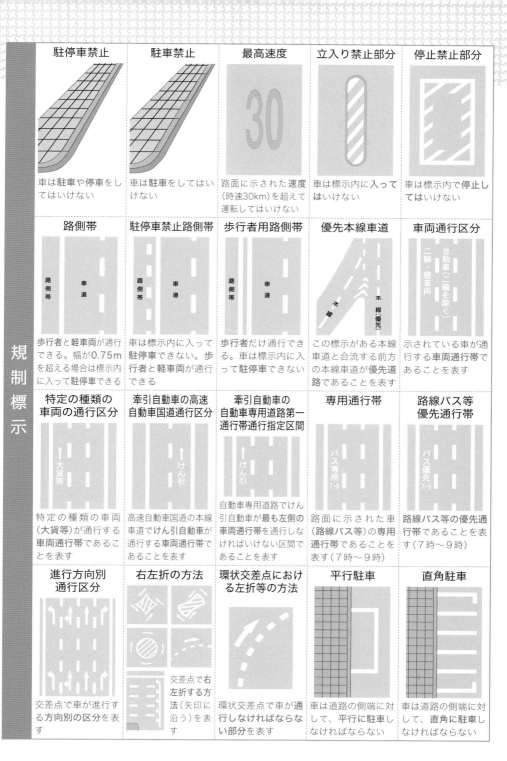

| 駐停車禁止 | 駐車禁止 | 最高速度 | 立入り禁止部分 | 停止禁止部分 |
|---|---|---|---|---|
| 車は駐車や停車をしてはいけない | 車は駐車をしてはいけない | 路面に示された**速度**（時速30km）を超えて運転してはいけない | 車は標示内に入ってはいけない | 車は標示内で停止してはいけない |
| 路側帯 | 駐停車禁止路側帯 | 歩行者用路側帯 | 優先本線車道 | 車両通行区分 |
| 歩行者と軽車両が通行できる。幅が0.75mを超える場合は標示内に入って駐停車できる | 車は標示内に入って駐停車できない。歩行者と軽車両が通行できる | 歩行者だけ通行できる。車は標示内に入って駐停車できない | この標示がある本線車道と合流する前方の本線車道が優先道路であることを表す | 示されている車が通行する車両通行帯であることを表す |
| 特定の種類の車両の通行区分 | 牽引自動車の高速自動車国道通行区分 | 牽引自動車の自動車専用道路第一通行帯通行指定区間 | 専用通行帯 | 路線バス等優先通行帯 |
| 特定の種類の車両（大貨等）が通行する車両通行帯であることを表す | 高速自動車国道の本線車道でけん引自動車が通行する車両通行帯であることを表す | 自動車専用道路でけん引自動車が最も左側の車両通行帯を通行しなければいけない区間であることを表す | 路面に示された車（路線バス等）の専用通行帯であることを表す（7時～9時） | 路線バス等の優先通行帯であることを表す（7時～9時） |
| 進行方向別通行区分 | 右左折の方法 | 環状交差点における左折等の方法 | 平行駐車 | 直角駐車 |
| 交差点で車が進行する方向別の区分を表す | 交差点で**右左折する方法**（矢印に沿う）を表す | 環状交差点で車が通行しなければならない部分を表す | 車は道路の側端に対して、**平行**に駐車しなければならない | 車は道路の側端に対して、**直角**に駐車しなければならない |

規制標示

## 規制標示

| 斜め駐車 | 普通自転車歩道通行可 | 普通自転車の歩道通行部分 | 普通自転車の交差点進入禁止 | 終わり |
|---|---|---|---|---|
| | 歩　道 | 歩　道 | | |
|  |  |  |  | |
| 車は道路の側端に対して、斜めに駐車しなければならない | 普通自転車は歩道を通行できる | 普通自転車が歩道を通行する場合の通行すべき場所を表す | 普通自転車は黄色の線を越えて交差点に進入してはいけない | 規制標示が示す（転回禁止）区間の終わりを表す |

## 指示標示

| 横断歩道 | 斜め横断可 | 自転車横断帯 | 右側通行 | 停止線 |
|---|---|---|---|---|
| 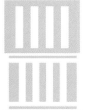 | 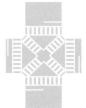 |  | |  |
| 歩行者が道路を横断するための場所であることを表す | 歩行者が交差点を斜めに横断できることを表す | 自転車が道路を横断するための場所であることを表す | 車は道路の右側部分にはみ出して通行できることを表す | 車が停止するときの位置を表す |

| 二段停止線 | 進行方向 | 中央線 | 車線境界線 | 安全地帯 |
|---|---|---|---|---|
|  |  |  |  | 軌道  |
| 二輪車と四輪車が停止するときの位置を表す | 車が進行する方向を表す | 中央線であることを表す | 車線の境界であることを表す | 安全地帯であることを表し、車は通行できない |

| 安全地帯又は路上障害物に接近 | 導流帯 | 路面電車停留場 | 横断歩道又は自転車横断帯あり | 前方優先道路 |
|---|---|---|---|---|
|  | 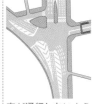 | 軌道  |  |  |
| 前方に安全地帯か路上障害物があり、避ける方向を表す | 車が通行しないようにしている道路の部分を表す | 路面電車の停留所（場）であることを表す | 前方に横断歩道または自転車横断帯があることを表す | 標示がある道路と交差する前方の道路が優先道路であることを表す |

※道路標識・標示は道路交通法等の改正により、変更されることがありますので予めご了承ください。